建筑工程高级管理人员全过程管理一本通系列丛

项目经理全过程管理一本通

赵志刚　　陆总兵　　主编

中国建筑工业出版社

图书在版编目（CIP）数据

项目经理全过程管理一本通 / 赵志刚，陆总兵主编.
北京：中国建筑工业出版社，2024.6.（2025.10重印）
（建筑工程高级管理人员全过程管理一本通系列丛书）.
ISBN 978-7-112-30024-2

Ⅰ. TU71

中国国家版本馆 CIP 数据核字第 2024DX2591 号

责任编辑：季 帆 张 磊 万 李
责任校对：赵 力

建筑工程高级管理人员全过程管理一本通系列丛书

项目经理全过程管理一本通

赵志刚 陆总兵 主编

*

中国建筑工业出版社出版、发行（北京海淀三里河路 9 号）

各地新华书店、建筑书店经销

北京鸿文瀚海文化传媒有限公司制版

建工社（河北）印刷有限公司印刷

*

开本：787 毫米×1092 毫米 1/16 印张：13 字数：321 千字
2024 年 6 月第一版 2025 年 10 月第五次印刷

定价：**58.00** 元

ISBN 978-7-112-30024-2

（42177）

本书编委会

主　　编：赵志刚　陆总兵

副 主 编：曹　勇　赵旭辉　王　蔻　宋汉俊
　　　　　李飞琛　储　奔　杨荣坤　琚晓杰

参编人员：许　磊　康春明　王圣东　石成勇
　　　　　温　江　王浩伟　刘富强　贾　福
　　　　　陈　杰　周　翔　邹双林　邓　锋
　　　　　蒋贤龙　蒋君飞　夏　瑞　唐　江
　　　　　颜俊龙　陈海林　刘　超　赵　青
　　　　　廖金湘　任　毅　刘晓卫　赵刚刚
　　　　　王佃鹏　张　鹏　缪　驰　甘有全
　　　　　原鹏飞　张晨豪　郭津彤　李　菁
　　　　　洪　旺　欧启平　向　顺　王立宁
　　　　　侯　剑

前　言

　　《项目经理全过程管理一本通》以工程进展各阶段项目经理工作内容为主线，结合项目经理实际工作，写清楚招标投标阶段、项目准备阶段、项目实施阶段、项目收尾阶段等各阶段项目经理工作重难点，书籍更加贴近施工现场，更加符合施工实战，能更好地为高职高专、大中专土木工程类及相关专业学生和土木工程技术与管理人员服务。

　　此书具有如下特点：

　　1. 图文并茂，通俗易懂。书籍在编写过程中，以文字介绍为辅，以大量的施工实例图片或施工图纸截图为主，系统地对项目经理工作内容进行详细地介绍和说明，文字内容和施工实例图片直观明了、通俗易懂。

　　2. 紧密结合现行建筑行业规范、标准及图集进行编写，编写重点突出，内容贴近实际施工需要，是施工从业人员不可多得的施工作业手册。

　　3. 学习和掌握本书内容，即可独立进行项目经理工作，做到真正的现学现用，体现本书所倡导的培养建筑应用型人才的理念。

　　4. 本次修订编写团队非常强大，主编及副主编人员全部为知名企业高层领导，施工实战经验非常丰富，理论知识特别扎实。

　　本书由赵志刚担任主编，由南通新华建筑集团有限公司陆总兵担任第二主编，由华润建筑有限公司曹勇、北京城建北方集团有限公司赵旭辉、北京美兴达建设工程有限公司王尪、武汉城建集团武汉建开工程总承包有限责任公司宋汉俊、中交建筑集团有限公司李飞琛、中铁十一局集团电务工程有限公司储奔、北京建工集团有限责任公司杨荣坤、河南苏荷建设工程有限公司琚晓杰担任副主编。本书编写过程中难免有不妥之处，欢迎广大读者批评指正，意见及建议可发送至邮箱 bwhzj1990@163.com。

编者

2024 年 6 月

目 录

1

本书解决重难点

1.1 项目经理的整体工作思路

建设工程项目经理是指受企业法定代表人委托或授权，在建设工程项目施工中担任项目经理岗位职务，直接负责工程项目施工的组织、实施者，对建设工程项目施工全过程全面负责的项目管理者，他是建设工程施工项目的责任主体，是企业法人代表在建设工程项目上的委托代理人。那么，圆满完成工程项目的建设任务，完成企业下达的利润目标、质量目标、进度目标、安全施工目标、人员培养目标就是项目经理的整体工作思路。

1.1.1 健全管理制度

对建设工程项目进行管理，首先需要做的就是制定、健全管理制度。管理制度的起草建立必须体现出预见性、连续性、科学合理性和可操作性。因此，建立管理制度体系，必须参照国内同行业先进企业、同行业兄弟单位先进的管理经验来进行；并结合公司管理要求和项目工程特点，项目所处地域特点，业主、监理管理特点和项目人员构成特点，进行综合分析。要反复论证各项管理制度之间的连贯性、可操作性，避免执行起来相互矛盾，既要理顺内部管理制度的关系，又要通过制度理顺整个项目的管理关系。

各项制度在执行的过程中，随着项目内外情况的变化，不可避免会出现制度缺陷，项目第一管理者要及时根据变化了的情况修订完善，使之不断适应管理的需要。项目管理千头万绪，哪一个环节处理不好都可能影响到整个管理链条的有序运行。所以，从项目组建之日起，就要通过制度千方百计地理顺内外关系。

在项目管理中有一些项目经理按以往的经验管理工地，没有把执行健全管理制度作为项目管理的重要工作，这些经理管的项目也有可能管得不错，但是这种项目严重依赖于项目经理个人的经验，和他本人在项目上的工作时间，离开项目经理的管理，项目的运行就会出问题，这种管理方式就是典型的事倍功半，同时也没有达到锻炼队伍、培养潜在项目经理的目的，对项目的运行和队伍建设很不利。

📖 **案例 1-1:**

某建筑工程项目经理在项目实施过程中，发现工地上存在一些管理问题，例如工人安全意识不强、施工进度不达标等。针对发现的这些问题，项目经理没有从事件本身入手处理，而是从健全管理制度入手，同时加强制度的执行水平，提升工地管理水平，确保工程质量和安全。具体措施如下：

（1）细化安全教育制度，定期进行演练。

在工地上落实三级安全教育，让每一个工人了解安全知识和操作规程，培养安全意识，减少事故的发生几率。制定安全教育检查制度，每个工人进入工地前都要进行安全教育，定期进行安全演练和复习，确保所有工人都掌握了必要的安全知识和技能，如图 1-1 所示。

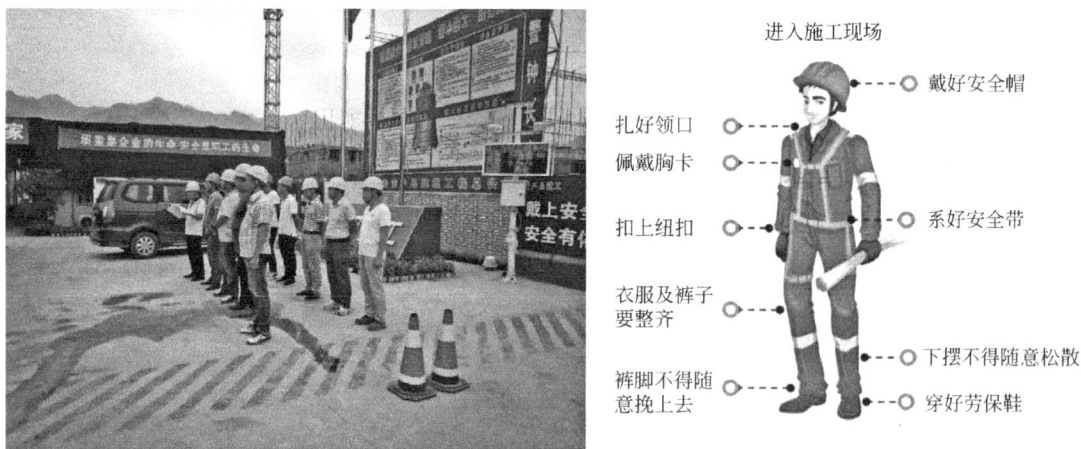

图 1-1 安全教育

（2）监控进度进展，及时进行纠偏。

制定进度管理制度，对工程施工进度进行监督和控制，确保按时完成施工任务。项目经理要与各分包商进行沟通，明确施工进度和责任，建立监督机制，及时发现和解决进度问题。

📖 **案例 1-2:**

在某次例行进度检查中，发现有一承包商进度滞后，项目经理立即与承包商沟通，重新制定进度计划，调整施工人员的数量，增加施工机械，加快施工进度，及时进行穿插施工，最终保证了工程按时交付。

（3）制定质量管理制度，经常进行巡视和监督。

制定质量管理制度，建立质量监督机制，对施工质量进行监督和管理，确保工程质量符合标准和要求。项目经理要对承包商的施工质量进行检查和评估，及时发现和解决质量问题，确保工程质量，如图 1-2 所示。

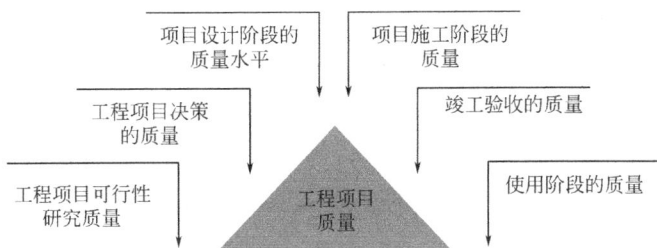

图 1-2 各阶段工程质量

案例 1-3：

在一次日常质量检查中，发现有一部分建筑材料的品牌和甲方指定的品牌不符，项目经理马上通知分包队伍停止使用该材料，并进行调查，发现甲方指定的材料由于供应商产能不够，暂时缺货，为了不耽误施工进度，采购部门自作主张采购了同类型产品，质量、品牌比甲方指定的高一个档次，以为自己买的产品比甲方指定的好，所以就没有上报。针对这次事件，项目经理首先纠正了采购部门的错误做法，指出：从施工方提供产品的品种、质量标准来说，甲乙双方有合同，如果变更一定要通知甲方，不能私下更改，哪怕是产品比原来指定的好，也是原则意义上的违约，这种行为不可取。同时，这种行为一定要跟项目经理汇报，不能以怕耽误工期为由私自做主。最后，项目经理解决的方案是，停止该材料的采购，重新调整施工路线，等该材料到货以后再进行该部分的施工，同时对甲方指定产品的供应不及时问题和甲方进行沟通，申请了工程适当延期，圆满地解决了问题，如图 1-3 所示。

图 1-3 项目经理检查工程质量

通过以上三个方面的建设，该项目经理成功地完善了工地管理制度，提升了工地管理水平，确保了工程质量和安全，也为其他项目经理提供了管理经验和参考。

案例 1-4：

在一个房建施工项目中，项目经理发现工人工作效率不高，施工进度滞后。他了解到，工人们在工作过程中经常遇到各种问题，如材料缺失或设备故障，导致他们浪费了大量时间。

于是，项目经理决定从健全工地管理制度入手，以提高工人的工作效率。

具体做法如下：

（1）建立工地问题汇报机制。工人在遇到问题时，可以及时通过固定的渠道（如电话或工作群）向管理人员汇报，如图 1-4 所示。

图 1-4　施工微信工作群

（2）安排专人负责物资管理。项目经理安排了一名专人负责物资的管理，确保材料和工具始终充足，如图 1-5 所示。

（3）定期维护设备。项目经理安排了专人对设备进行定期维护，以防止因设备故障导致工人浪费时间，如图 1-6 所示。

图 1-5　物资负责人管理材料

图 1-6　定期维护设备

通过以上措施，该项目经理成功地提高了工人的工作效率，并缩短了施工周期。这个案例证明，只要根据项目实际情况，健全管理制度，就能提高工作效率，高质量地完成项目。

1.1.2　抓好物资采购和计划、财务管理

要把抓好物资采购和计划、财务管理，作为项目管控成本的主要方向。众所周知，工程物资在整个工程建设成本构成中占有 50％以上的比例。物资就是金钱，如果忽视了物质材料的管理，项目成本管理就无从谈起，只有将物当钱来管，才能抓住成本管理的关键环节。

为此，必须遵循"紧控严管，紧守严防"的原则，从供应源头抓起，严格把好材料的质量、定价、选购、验收入库、出库使用、限额领用、余料回收、修旧利废、材料消耗、盘点核算等关键环节，强化逐级控制消耗，牢牢地扎住效益流失的口子。同时，抓好计划部门的工作管理，必须抓好对上的及时计量工作，做到多计，不漏计，对下计量时严格控制在目标成本范围内，实行按月计量，不多计量，防止劳务队超计量支付，避免劳务队携款潜逃的现象发生。

案例 1-5：（物资采购） --------------------------------

工程项目经理在施工现场发现，由于施工现场距离城市较远，供应链较为薄弱，需要加强对物资采购的管理。项目经理采取了以下措施：

（1）建立物资采购清单。根据项目需要，制订物资采购清单，并将物资分为关键物资和非关键物资两类。对于关键物资，项目经理会采取更加严格的采购管理措施。

（2）优化供应商选择。对于关键物资，项目经理会对供应商进行更加详细的调查和评估，并建立可靠的供应商名单。在采购过程中，项目经理会优先考虑从可靠的供应商处进行采购。

（3）加强进货验收。在物资到货时，项目经理会派专人进行验收。验收合格的物资才会放行。这样可以确保物资质量和数量合格。

（4）建立采购监管机制。为确保采购流程的公正和透明，项目经理建立了采购监管机制，对采购人员的操作进行监督，防止出现违规操作。

这些措施的实施让项目经理更好地管理了物资采购过程。举一个实际案例：某项目经理在采购混凝土时，发现某供应商的价格低于其他供应商。但是经过评估后，该项目经理发现该供应商的混凝土强度不稳定，生产能力有限，不能保证连续供应，无法满足项目需要，如图 1-7 所示。

最终，项目经理选择了价格虽然相对高一些，但质量和连续供货更可靠的供应商进行采购。这样做保证了项目的顺利进行，避免了由于物资质量不达标而导致的工期延误和产生额外费用。这个案例也让其他项目经理了解了物资采购的重要性和管理方法。

案例 1-6：（财务管理） --------------------------------

某建筑工程项目经理在施工现场发现，由于工期较长、人员众多、设备费用高昂，为做好财务管理工作，项目经理采取了以下措施：

（1）制订详细的预算。项目经理在项目启动前制订了详细的项目预算，并将其分解到

图 1-7　项目经理监控混凝土强度

每个阶段和每个工作包，以便更好地掌握项目财务状况。

（2）加强成本控制：在施工过程中，项目经理严格控制项目成本，对各项支出进行认真审核和核对。项目经理采用了统计成本数据和实时监控成本支出的方式，对成本进行实时跟踪和控制。

（3）优化资金运作：为保证项目顺利进行，项目经理积极与业主协调，争取资金及时到位。

（4）加强财务监管：为确保财务管理的公正和透明，项目经理建立了财务监管机制，对财务人员的操作进行监督，防止出现违规操作，如图 1-8 所示。

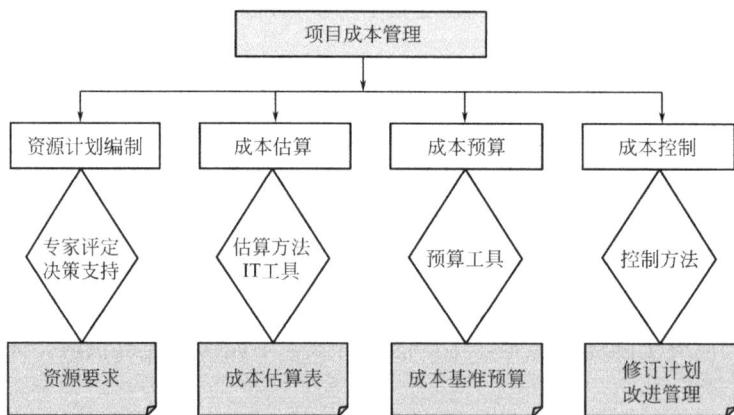

图 1-8　项目成本管理

案例 1-7：

这些措施的实施让项目经理更好地管理了项目财务工作。举一个实际案例：某项目经理在施工过程中，发现某个分项工程的成本超支。经过调查，发现是由于该分项工程使用的材料在开工前的预算不够准确，预算偏低，导致成本失控。该项目经理针对此情况，对该分项工程材料进行了分析，并结合现场实际情况，以该材料执行标准低、无法满足现场质量要求为由，跟甲方进行了协商，最后商定采用类似执行标准高的材料，重新商定了材料价格，并加强了对该分项工程人工费用的监管，最终成功控制了成本，并顺利完成了该分项工程的施工。这个案例也让其他项目经理了解了财务管理的重要性和管理方法，提高了项目经理对财务管理的认识和能力。

1.1.3　项目物资采购计划执行要点

从项目角度而言，拿到施工图纸和工程量清单后项目经理就要准备组织进行物资采购清单的编制。根据物资的性质和采购金额，有些材料需要项目采购，有些需要公司采购。必须把两类物资分清楚，不能有漏项，不能有重复。

需采购物资必须依据施工图纸、工程量清单进行综合整理，不能有遗漏，在综合材料数量的时候必须附带清单给定的材料单价，进行汇总。如果发现材料实际采购价格超过清单给定的价格，要提出警示，一方面自查，提示采购部门寻找材料价格超标的原因；另一方面把问题交给商务部门，跟甲方进行沟通，争取获取材料价格的变更，减少损失。

如果发现材料的采购价格比清单价格低很多，也要及时进行预警，有可能是项目采购的材料品种和清单不相符，或者规格不相符，或者材料档次太低，这种材料进场以后，容易造成后续工程质量难以保证，在施工收尾阶段造成验收困难，产生结算纠纷。

材料进场时机：采购的材料必须根据施工进度计划，制订进场的时间，并留好机动时间，不能因为材料进场延迟造成停工待料。

1.1.4　项目财务管理控制要点

财务管理对企业来说就是研究企业对资金的筹集、计划、使用和分配，采取项目法施工的施工企业所属工程项目部，与工业企业的生产车间有着相似之处，并不具备企业法人资格，其财务管理有其局限性，但工程项目是施工企业为生存和发展而获取利润的主要来源，因此项目财务管理应着重研究资金的筹集和如何控制合理使用，确保现金的最大净流入量，也就是取得最佳的经济效益。下面是某项目部为提高经济效益而加强财务管理的具体做法。

1. 资金的筹集

企业的营运需要启动资金，在持续经营的过程中，必须及时回收资金，在资金运转困难时，也需要一定的资金补充。工程项目的资金来源首先主要是动员预付款、材料预付款和工程进度款，其次是劳务分包，材料采购招标过程中收取的各项保证金及暂扣的尾款、延付款，最后是在生产过程中取得的利润，如图1-9所示。

1）启动资金

某大桥是国家重点工程，资金来源充足，在施工合同中规定首期支付动员预付款为合同总价15%的70%，条件是向业主提供等额银行动员预付款保函，待施工单位主要人员和施工设备进场后再付合同总价15%的30%的动员预付款。

项目部拿到施工合同后，积极与当地银行联系，利用银行之间的竞争，采取全额反担保、资料传真后补原件的方法，在银行办理了2775万元动员预付款保函，及时收到了与保函相同金额的启动资金。本项目的动员预付款与其他项目所不同之处：一是比例大，如有的项目为5%，有的为10%；二是不扣除暂定金，按合同总价的15%；三是开始扣回预

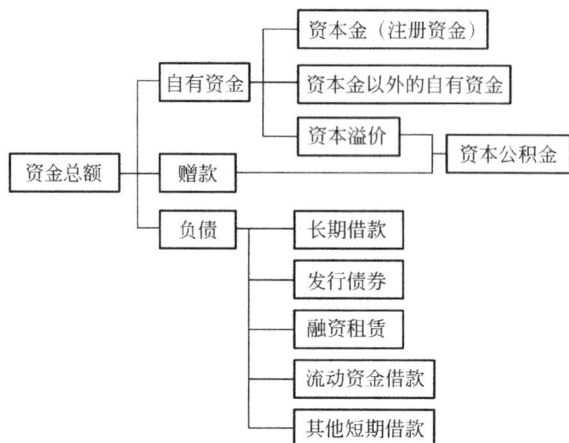

图 1-9 资金情况

付款的时间较长，完成工程总造价的 30% 以后开始扣回。

2）资金回收

施工合同签订后，公司组织成立项目部，并组织人员、设备进场筹建临时设施，购买主体工程所需和施工措施所需的各种材料，按工程施工图纸精心组织施工，逐步形成主体或临时工程形象进度。根据合同，每月 25 日前申报当月的工程进度，并申请中期支付，所报出的报表先由监理工程师签字，然后转交指挥部、工程部、计划部、总指挥审查签字后付款，合同规定的付款期限是 21d。

本项目中期支付的特点：

付款期限较长，审查签字的部门多，如果哪个部门经办人正巧出差，拖的时间会更长，为防止延付时间过长，项目部采取的措施是跟踪报表到了哪个部门的方法，代为传递，这样就确保了中期支付款的及时支付。

中期支付不足 50 万元不予计量，顺延至下月支付。

工程质量保证金在工程进展到 50% 之前扣足，每期按工程价款的 10% 扣留，扣至合同价款的 5% 为止。

每期按 2% 扣留优质优价金，待单项工程的质量等级评定后确定该单位优价金是否返还并给予优质优价奖，限额是 2%。

3）借款

在工程进展到 30% 以后，业主开始以中期支付款的 30% 加速扣回动员预付款，在工程进行到 30%～50% 期间，每月的中期支付款只有工作量的 58%，有时上月完成工作量所收工程款不足以备料或完成当月的工作量所需资金，每当此时，项目部就向业主申请支付材料预付款，合同规定，业主仅支付尚未完工项目所备材料款（凭发票复印件）的 70%，并在未来 3 个月内扣完，本项目坚持一边被扣，一边继续申请后续材料预付款，这种借款不需支付利息，无筹资成本，有利于本项目的资金周转。

4）其他资金来源

本项目的其他资金来源包括劳务、材料供应的投标履约保证金，劳务、材料应付款及扣留的质保金，另外还有工程本身实现的利润。本项目由于政治影响大，资金有保障，想参与大桥建设和材料供应的企业单位或个体户多，但项目部坚持采取招标投标方式确定劳务和材料供应商，并坚持在交标书前交付 1 万～5 万元的投标保证金，中标后再交付 2 万～10 万元的履约保证金。

实践证明，这样做不仅可以约束分包单位和供应商认真履行合同和投标文件的承诺，同时也解决了项目部暂时的资金不足问题。该项目部开工至结束各项保证金一般保持在 60 万元左右，在劳务、材料供应中明确了结算付款期限以及质保金的比例和付款时间，劳务协作合同每月结付 80%，完工后结算，材料供应的结算期为 1～6 个月，质保金的比例根据项目不同分别为 5% 或 10%，扣留时间为半年或一年，这几项资金施工期间一般在 200 万～500 万元之间。

以上几项资金来源在资金周转中起到了一定的作用，尤其在施工后期更显重要。当工程项目所实现的利润（含上级管理费）大于 5%（质保金的比例）时，所实现的利润可作为生产资金的补充，反之就是占用了资金，在工程后期就需要上级主管单位投入资金来完成合同规定的工程内容。

2. 资金的使用

项目部的资金使用就是由资金变存货、在建工程、形象进度，再通过收取进度款变现，如此循环反复地投入产出过程。项目部财务管理应从如何使资金在每一个过程中增值，也就是成本费用控制，怎样尽量多地用后一个过程的资金支付前一个过程的投入，也就是减少存货的数量，这就是提高资金的使用效率。

1）存货管理

在施工单位，存货包括库存材料和在建工程。库存材料是指尚未用于工程施工而在仓库或者堆场上存放的材料，在建工程指尚未形成工程形象进度或混凝土强度尚未达到标准的形象进度。项目部为使存货占用资金降低到最低限度，采取的主要措施是存货转嫁，具体做法是：

通过大宗材料供应招标确定供应单位，在供应合同中规定砂、石料按搅拌站的混凝土及配合比计量，一个月结算一次。在供应商堆场的库存料不计，这样砂、石料的库存为零，水泥、外加剂、钢材的结算期也是 1～2 个月，结算时基本已用于工程上去了，库存也基本上保持为零，其他零星材料也是急用时再买，库存量极少，在整个工程的施工中仅在建工程占用了少量的资金，一般为平均月工作量的 20%、约 100 万元。

2）成本费用控制

为使工程获得较高的经济效益，使资金在运动中不断增值，除优化施工方案，采用经济科学的施工措施，连续作业加快进度节省固定费用之外，成本费用的控制也非常重要。

（1）人工费：单项工程劳务全部通过劳务公司进行招标，项目部无临时工，另因工作需要劳务时在劳务队伍中借用，按 25 元/h 计算。单项工程劳务合同规定工期，工期提前采取激励政策，对整个工期提前起到了较大作用。工资按公司下达的 6.5% 的指标总体控制，并确保略有节余，由于控制得力，在公司多数项目人工费亏损的情况下，该项目人工费略有盈余。

（2）材料费：材料费占工程成本的比例较大，一般在 60% 左右，材料费节约往往是项目经济效益的主要来源，因此，项目部十分重视降低材料成本。

一是充分利用买方市场及本工程政治影响的优势全面采取招标方式确定供应商，在确保材料质量的前提下，尽量压低价格。

二是注重减少材料的损耗量及量差，如砂、石料、水泥按搅拌站记载的混凝土方量及配合比加适量、合理的损耗计量，在混凝土拌出之前的损耗量很小。又如钢材采取定尺供应，采取检尺与过磅相结合的原则计量，定尺是根据工程的需要而定，所以量差和损耗量极小。

三是充分利用废旧材料，如临时码头、横梁及钢箱梁支撑绝大多数是从荆州大桥运来的旧料，陆上附墩的钢护筒是由主墩平台钢板卷制的，使用过后改制支撑钢管，边跨 0 号块支撑基础采用主墩割下来无法再利用的钢护筒等。

（3）机械费：工程的施工大部分在水上，陆上还有两个附墩，所用施工设备多，而且水下钻孔的间隔时间长，上部结构的钢筋及模板安装的时间也长，使混凝土设备及为之服务的船舶停置时间较长，机械费的亏损似乎在所难免，项目部为使机械费降到最低，采取的措施有：

一是针对设备停置时间的长短确定不同的租金。

二是采用多种租赁形式相结合的办法，如公司内部有的内租，公司设备调剂不过来而经常性使用的采取融资租赁，短期使用的采取经营性租赁。

三是加快工程进度，提高设备利用率。

四是及时清退不需用的设备，采取临时租用和长短期租用相结合。

经过以上有效措施，在不影响工程进度的情况下，有效地降低了机械费用。

（4）税费缴纳：按章纳税是企业应尽的义务，工程项目涉及的主要税费种类有营业税、城市建设维护税、教育费附加、印花税、个人所得税等，根据工程项目所在地的不同，所缴纳的某些税费不尽相同，有的项目在不同时期可能还有调整，这就要求会计人员熟练地掌握国家的税法知识以及随时了解地方相关税务政策和地方收费政策的变动等。

目前，我国有的税种征收并不严格，有的税种的税率具有一定的弹性，如印花税应由签订合同的双方在合同签订地点各自缴纳，项目部不是合同的主体，不负有缴纳的义务。又如城建税的税法规定税率为 1%～7%，是由纳税人所在地还是纳税所在地来确定，时有争论。我项目部利用城建税的征收目的是维护城市建设，本工程虽在建制镇，但工程地点在长江上，已缴纳港务费、航养费等，工程招标时是按 1% 考虑的为由坚持按 1% 交纳。对于外加工构件、单项工程分包等，只要是在现场制作或在现场可以制作的分包工程，其营业税等都应由总包单位统一交纳，分包单位必须在同一税务局开具发票，避免重复交纳无法抵扣。

3. 资金的分配与效益

业主为确保大桥的建设资金，在签订工程承包合同时就与承包商及其开户银行三方签订了资金监管协议，除上交规定的上级管理费和合同规定的设备使用费外，其他超过 10 万元的支出必须有合同和发票，承包商每月向开户行提供必需的付款依据，由开户行书面向业主报材料。项目部为了充分发挥资金的使用效益，不搞本位主义，合理控制使用，使资金在循环过程中不断增值。

1）外紧内松

项目部对外单位的分包工程款、材料款及设备使用费把关很严，无预付款，应付款坚决按合同规定的期限，有的还可以合理延付一段时间，但对内部单位却特别宽松，如基础公司、安装分公司、分公司等单位往往提前支付款项，甚至合同刚签订，尚未动工就支付全部款项，给兄弟单位多次解决燃眉之急。

2）上交款项

工程项目是公司利润和资金的主要来源，积极按规定上交公司各种款项是项目部的义务。项目部在整个工程施工期间，为认真履行这一义务，急公司之所急，除按时交纳公司养老金、住房公积金、风险金、工会经费等外，尽可能及时上交公司管理费。

3）资金的其他效益

在当今竞争日益激烈的市场经济形势下，任何企业或个人无不考虑资金的回收期和经营风险的问题，资金充裕和雄厚在市场竞争时占有明显的优势，协作工程付款及时可以享受优惠，材料供应以现金购买可以享受现金折扣。本项目的劳务协作、材料采购与设备租赁费价格均较低与资金信誉良好不无关系，这也是本项目获取最佳经济效益的主要原因之一。如图1-10所示。

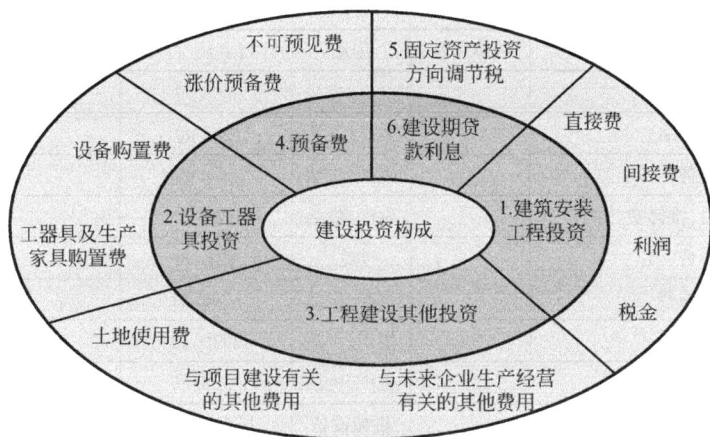

图1-10　建设投资

4. 资金流量计划与成本分析

项目部的财务报表因素不全，根据财务报表进行财务状况分析意义不大。项目部所关注的是现金是否短缺、目标成本的执行情况，因此，坚持编制现金流量计划表和进行成本分析是非常必要的。

根据季度施工生产计划和有关总承包、分包、材料供应、设备使用等合同定期编制现金流量计划，然后根据现金的净流入量确定结余资金的计划安排，如近期钢材价格平衡，预计不会涨价，就将资金定期存入银行，如预测钢材可能涨价就加大库存量。

对工程成本的分析，项目部也相当重视，坚持每月进行经常性的一般分析，每个季度定期进行重点分析，对单项工程节点进行总结性分析。经过分析，使我们随时了解工程的盈亏情况，与目标成本相比做到心中有底。经过分析，我们可以了解技术革新和优化施工方案的成果在经济效益上的体现，激励和鞭策我们不断开展技术革新活动。经过分析，有利于我们确定设计变更、修改、增加工程数量、调差等的索赔目标。经过分析，我们可以了解到本工程盈在哪里，亏在哪里，以及盈亏的主客观原因，给我们以后的施工积累降本增效的经验，也可以给今后的招标投标工作提供一些可用的参考资料，如表1-1、表1-2所示。

某气体岛项目一期工程 2012 年 1—6 月土建资金使用计划　　　　　表 1-1

序号	工程项目或费用名称	一季度（万元）	二季度（万元）	三季度（万元）	四季度（万元）
1	地质勘探（初勘、详勘）	150.00	—	—	—
2	试桩、桩基施工及检测	300.00	1350.00	—	—
3	基础施工	—	2350.00	3675.00	1400.00
4	围墙、道路	26.00	50.00	—	120.00
5	地管施工	—	1960.00	450.00	—
6	主体结构	—	2900.00	7250.00	2205.00
7	装饰工程	—	—	89.00	25.00
8	总图竖向	—	—	—	200.00

某项目土建资金使用情况　　　　　表 1-2

日期	项目	收款单位	用途	计划金额（万元）	审定金额（万元）	备注
2013-3-13	1 经常性开支			678.00		
2013-3-13	1.1 办公用品		生产、生活	108.00		
2013-3-15	1.2 伙食费		生产、生活	570.00		
2013-3-15	1.3 燃料、维修费		生产、生活	120.00		
2013-3-15	1.4 水电费		办公	821.00		
2013-3-18	2 临时设施费		生产、生活	6776.81		
2013-3-20	2.1 临时道路		生产、生活	2870.12		
2013-3-20	2.2 临时办公场地		生产、生活	3906.69		
2013-3-21	3 大型机械进场		机械设备	5582.09		
2013-3-21	4 自购材料			280100.42		
2013-3-25	4.1 钢筋		生产	9587.06		
2013-3-26	4.2 商品混凝土		生产	48697.58		
2013-3-27	4.3 砂石		基础结构	41456.78		
2013-4-2	4.4 水泥		基础结构	5358.45		
2013-4-11	4.5 木材		基础结构	320.00		
2013-4-15	4.6 粘碳纤维布		主梁	95360.23		
2013-4-15	4.7 商品混凝土		主梁	23511.20		
2013-4-15	4.8 钢筋		主梁	3200.00		
2013-4-16	4.9 粘碳纤维布		加固	15432.12		
2013-4-18	4.10 金属栏杆、标志牌		加固	37165.00		
2013-4-20	4.11 水电安装材料		后期准备	12.00		
2013-4-21	5 人员经费					人数：182 人
2013-4-21	5.1 本单位员工		工资			人数：32 人
2013-4-21	5.2 劳务人员		工资			人数：150 人
2013-4-28	4.12 其他材料		后期准备	2150.20		
2013-5-4	6 安全生产专项经费		措施费	3723.52		

1.1.5 项目进度款申请要点

首先要明确甲方进度款申请和审批的流程，一定要充分了解，事先沟通，按甲方规定的时间、规定的资料、规定的流程申请，不能给甲方延迟支付进度款留下把柄。

在制订施工计划的时候要考虑不同工程项目的工程造价，安排施工工序的原则是先安排工程造价多的工作，以便早回款。在施工过程中，面对甲方要求各单体必须完成某个施工节点再给工程款的规定，集中施工力量，在规定的时间内以完成各单体的施工付款节点为目标，避免开工很多单体，干了很多活，但工程量都没有完成施工节点，导致工程款申请失败的错误（图 1-11）。

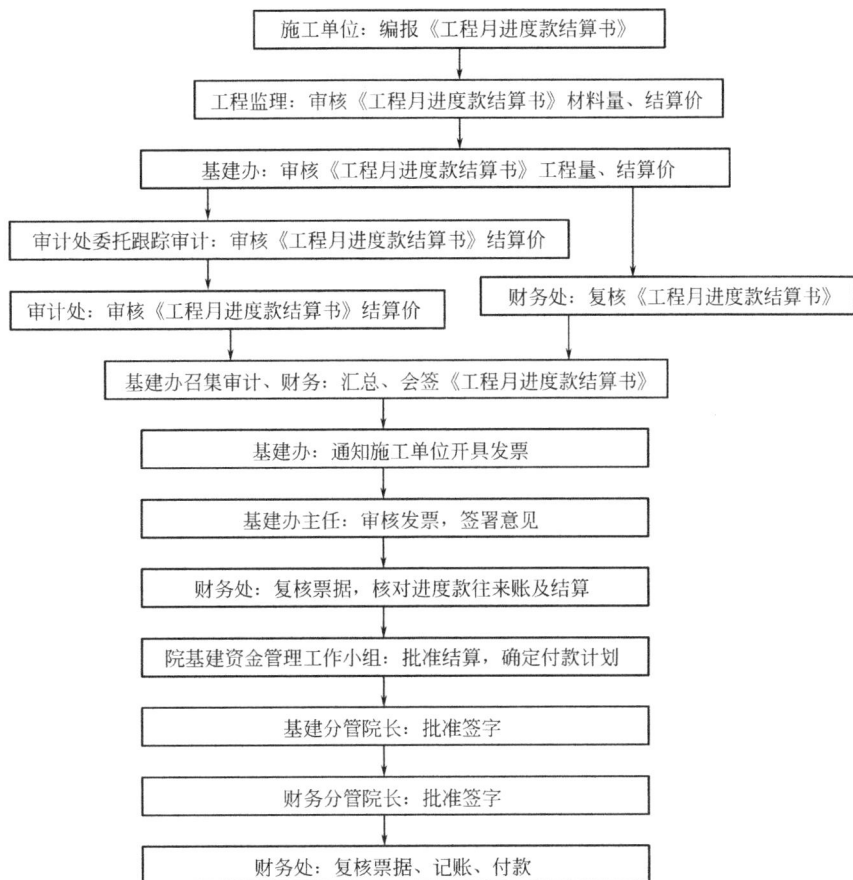

图 1-11 工程进度款结算审核、付款流程图

案例 1-8：

某建筑工程项目经理在管理工地时遇到了进度款申请的问题。该项目经理负责管理一座高层住宅楼的建设，项目进度紧张，施工队伍数量多，涉及的施工工种也非常繁多，因此每个月的进度款申请都显得尤为重要。但是由于施工工人的数量繁多，工作量大，材料、设备采购不及时，以及其他因素的干扰，项目经理发现之前的进度款申请总是存在误差。

于是，该项目经理开始对施工队伍进行实时管理，并对工作量、采购时间、设备使用情况以及其他因素进行了全面的监控。在管理过程中，他还与项目监理及相关部门进行了密切的沟通，并且提前安排了各项工作，确保了工程进度的准确性。

在第二个月的进度款申请时，项目经理结合上个月的工程进度以及实际施工情况，重新进行了一次进度款的计算，并在与监理和相关部门的沟通中，明确了申请施工进度款的工程节点，并下发到每个施工队伍，在完成工作任务后，依据进度款申请流程提交了申请。此次进度款申请被建设单位审批通过，并且在短时间内发放，解决了施工队伍的资金瓶颈问题，推进了工程进度。如表 1-3 所示。

（填写各专业名称）工程进度款申请审批表 表 1-3

工程名称：					编号：	
施工单位				合同编号		
本期完成产值(元)	合同价内			合同价外		
清款期数		本期清款金额(元)	·			
施工单位	工程形象进度： 施工单位签章： 日期：					
工程监理意见	进度完成情况： 					
	本期工程质量总体评价：					
	监理工程师：	总监：	（单位签章）		日期：	
建设单位	工程部意见	进度完成综合评定：				
		专业工程师：	部门负责人：	（部门签章）	日期：	
		审核内容：				

通过这个案例可以看出，项目经理需要对工程进度、施工队伍、采购时间、设备使用情况以及其他因素进行全面的监控，确保每个月的进度款申请的准确性，从而推进工程的进度。此外，与监理和相关部门进行沟通是非常重要的，可以减少误差，快速解决问题，提高工程进度的顺利性，同时也可减少不必要的费用开支。

1.1.6 工程变更管理要点

对于工程变更首先要明确变更是甲方提出来的，每个变更都是对合同内容的修改，既然是修改就会涉及成本的变化，里面就有可能有导致施工单位成本增加的风险。针对这个情况，项目经理要组织技术负责人、施工负责人和商务负责人研究变更，评估变更对施工成本的影响，如果有影响而导致项目亏损，就要和甲方进行沟通，争取项目的合理利润和权益。

案例 1-9： --

一名建筑工程项目经理，最近正在管理一项大型住宅开发项目。在施工过程中，他注意到外墙保温的防火等级不符合最新的国家标准，需要进行工程变更以确保该项目能够满足规定的安全标准。

该项目经理首先与设计团队和建筑分包商进行沟通，以确保有一个详细的变更方案。然后，将变更方案提交给业主代表和其他相关方面审批，并确保该变更符合法律法规的要求。

一旦变更得到批准，马上与建筑分包商协商确定一个适当的时间表和预算，并确保变更不会对项目的进度和预算造成重大影响。然后，与建筑分包商和监理团队一起开展工作，并确保变更得到正确实施和验收。

这个案例告诉我们，当处理工程变更时，建筑工程项目经理需要采取一系列措施来确保变更得到正确管理和实施。这包括与相关方进行沟通和协商，制订详细的变更方案，并确保变更符合法律法规的要求。此外，项目经理还需要确保变更不会对项目的进度和预算造成重大影响，并与建筑分包商和监理团队一起协作来实施变更，如表1-4、表1-5所示。

1.1.7 工程变更及签证的管理要点

工程签证是现场应甲方或者监理要求发生的实际工作，施工结束以后由监理、甲方计量，再结算的工作。签证管理要注意的是：第一，避免没有文字证据贸然施工，导致结算时甲方不承认。第二，施工前需要有甲方的文字指令、会议记录、工程洽商等证据。施工的全过程必须有影像、照片记录，有监理的现场工作证明。第三，在工作前和甲方商量好结算价格、结算时间，争取当月完成的签证当月完成结算，不把所有签证放到最后结算，造成项目资金和材料的积压。

工程变更的管理方法：

工程变更就是因工程施工实际情况与设计文件、合同等不符，造成的工程量或工程造价增减。为有效地控制工程造价，进一步加强管理，工程开工前必须进行图纸会审，将施工图上的问题提前解决，尽量减少施工中的设计变更与签证，如若不可避免，按如下规定执行：

设计变更会签单

表 1-4

编号：

工程名称		合同段名称	
项目法人		设计单位	
施工单位		监理单位	
设计变更依据及内容：			
施工单位意见	施工单位负责人：　　　　　单位盖章：　　　　　　年　月　日		
总监办意见	总监理工程师：　　　　　　单位盖章：　　　　　　年　月　日		
设计单位意见	设计代表：　　　　　　　　单位盖章：　　　　　　年　月　日		
建设单位意见	建设处： 　　　　　　　　　　　　　　　　　　　　　年　月　日		
	总工办： 　　　　　　　　　　　　　　　　　　　　　年　月　日		
	局领导： 　　　　　　　　　　　　　　　　　　　　　年　月　日		

注：1. 一般变更中的较小变更，由项目建设处审批。

2. 图纸及相关资料作为本表附件。

3. 此件作为设计变更依据，由建设处负责保管并存档。

设计变更费用审核单 表 1-5

部门：××建设处 编号：

项目名称							
合同段							
变更类型	□数量　　□单价　　□设计　　□其他						
监理单位申报文号			上报时间		年　月　日		
设计变更依据							
审核意见：							
工程量及费用计算说明：							
变更项目	支付号	单位	原数量	变更后数量	增减数量	合同单价（元）	新单价（元）	增减金额（元）
主审			复核			负责人		

1）工程设计变更的具体经办人为现场业主代表，具体负责与施工承包单位、设计单位等有关单位和人员的联系，并负责分发设计变更通知单。

2）设计变更一般由使用部门、工程部或施工单位提出，按工程变更审批权限、审批程序批准后，报设计单位出具符合规范的变更通知单或经设计院论证许可并由工程部下达书面通知单后方可付诸实施。

3）所有设计变更必须有文字记载，原则上要求书面报告，特殊情况下可以口头承诺，但事后必须在3d内补办设计变更通知单。

4）现场施工过程中发生的各种签证，均须按照审批程序报批后，由现场业主代表、工程部负责人、施工单位、监理单位及相关管理人员签具原始凭证。

未经签证程序审批、签署的签证均为无效签证。所发生的工程签证应及时处理，一般不得超过10d。

5）各专业的设计变更应加强相互联系，避免信息不通造成新变更和费用增加。

6）工程变更性质分类控制。根据工程变更性质的不同分为三类：

Ⅰ类变更指施工方案、工程量均明确的变更。一般此类变更为设计变更，也就是根据施工现场情况由施工方、监理方、业主方或设计方提出变更要求，并经由设计方、业主方确认的变更；

Ⅱ类变更指施工方案、承担主体明确，发生的工程量需施工现场或施工后再予以确认的变更。此类工程变更一般为施工现场数据与设计图纸数据不同而产生量的变化的变更；

Ⅲ类变更指现场发生不可预见工作量，其工程量需现场确认变更。

此类工程变更在变更需求提出后，须经业主、监理、施工三方共同或业主、监理、设计、施工四方共同确认、明确变更的承担主体后，再予以实施。

7）工程变更金额分类控制：

根据工程变更金额分为一般变更、较大变更、重大变更和特大变更。一般变更指工程增加投资在5万元以内的变更；较大变更指5万～10万元以内的变更；重大变更指10万～20万元以内的变更；特大变更指20万元以上的变更。

8）工程变更流转程序：

（1）由施工单位通知业主及监理单位代表到现场查勘，确定现场实际情况，确定是否会发生工程变更，如设计结构发生变化，应通知设计单位代表到场。

（2）如业主、监理、设计、施工单位共同确认需要发生工程变更，应由施工单位上报工程联系单，联系单应写明发生变更的工程部位（里程桩号）、准备采用的施工方法，同时应附以下附件：

① 变更前的影像资料。

② 拟采用施工方法的工程造价分析（含单价分析及估算总造价），当施工方案有多种选择时，应附多种方案的工程造价分析对比。

③ 工程变更部位的原始测量资料（应由业主、监理、施工单位共同签字，各单位各执一份）。

④ 需填写表格《现场施工联系单》《工程变更项目申请单》《单价分析表》《工程变更申请计算表》。

（3）若业主、监理、设计单位批复工程联系单，监理单位应做到以下几点：

① 应明确工程量计算方法。

② 应明确工程量确认前现场测量方案。

③ 应明确工程量计价方法。

（4）联系单批复后，施工单位应严格按批复方案施工，施工过程中，对于隐蔽的工程在隐蔽之前，应及时通知业主、监理至现场验收，并共同签字确认原始验收数据，同时留存影像资料。

（5）变更工程完成后 3d 内，应通知业主、监理单位代表进行验收并确认变更工程量。首先由三方在现场草签现场测量数据记录单，同时由施工单位上报工程签证，签证应附以下附件：

① 变更前、施工过程中、变更完成后的影像资料。

② 变更工程量计算书。

③ 工程变更造价分析（含单价分析）。

④ 提交变更申报审核表。

⑤ 工程变更前和变更完成后的原始测量资料（应由业主、监理、施工单位共同签字，各单位各执一份）。

⑥ 需填写表格《工程变更签证申报审核表》《工程变更数量计算表》《工程现场测量草签表》和已批复的《现场施工联系单》。

（6）施工方案经批复后，施工单位应严格按批复方案施工，若未批准自行施工或超过批复方案工程量由施工单位自行承担，但确实需要增加已批复方案工程量的部分需另行补充方案报批。

（7）报批施工方案应明确实施完成时间。

（8）联系单、签证单需统一编号，编号第一位用本标段拼音第一个字母大写，第二位用希腊字母表示，后面采用三位数的阿拉伯数字按顺序编号（例如：云飞路一标第一号联系单，编号 YⅠ-001）。

（9）业主、监理应与施工单位共同对签证单进行核对，核对完成后，共同签字确认审核工程量。

（10）变更、签证报批、审批时间规定：变更工程完成后 7d 内施工方将变更资料报送给现场监理，监理收到材料后在 7d 内完成审核，业主到监理审核材料后在 10d 内完成。如在规定时间内未签订应向施工单位说明原因，若报送材料不符合要求应在审批规定时间内反馈意见给施工方，严禁故意拖拉或扣留事件发生，否则将追究有关责任人责任。因施工单位报送材料不及时或材料不齐产生后果自负。

（11）工程图纸设计变更签证单是增减工程量的重要依据，未签证或无效签证不能进入决算，审计中不承认相应的工程量。

（12）工程图纸设计变更签证单由监理提出申请并组织相关部门现场查勘，施工单位填写表格并组织相关部门现场签证和落实报批手续。

（13）工程签证应及时办理，有以下几种形式的为无效签证：

① 手续不完备的签证。

② 越权签证。

③ 无工程量和变更造价清单的签证。

④ 未加盖监理单位和建设单位工程部印章签证。

（14）所有签证资料一式五份，业主、施工单位各两份，监理一份。

（15）未加盖建设单位工程部印章变更、图纸无效。

案例 1-10：

某建筑工程项目经理在施工过程中遇到了一个工程签证的问题。具体情况是，在施工初期，项目经理发现设计方案中的一些问题，需要进行修改，但是，修改后的方案需要向甲方和监理部门申请工程签证，并进行审核和批准。

项目经理首先和设计方案的负责人进行了沟通，得到了方案修改的详细内容和影响。随后，项目经理编写了一份工程签证申请书，详细阐述了方案修改的原因、影响和改进措施。申请书还附带了相关的技术文件和图纸，以便审批部门了解方案修改的具体情况。

随后，项目经理与监理部门进行了沟通，向他们介绍了方案修改的情况，并提供了申请书和相关技术文件。监理部门对申请书进行了初步审查，认为方案修改符合技术要求，但需要进一步评估方案对工程进度和质量的影响。

项目经理和监理部门一起组织了一次技术评审会议，邀请了设计方案负责人和相关专家参加。会议讨论了方案修改的技术可行性、影响程度和改进措施，最终达成了一致意见。

根据技术评审结果，监理部门批准了工程签证，并要求项目经理对方案修改进行全面的计划调整和施工组织。项目经理在与施工队伍和供应商进行充分沟通后，制订了详细的施工方案和进度计划，并与监理部门和甲方进行了充分的协调。

经过方案修改和施工调整，该工程最终按时按质完成，并通过了甲方和监理部门的验收。这个案例表明，在工程签证方面，项目经理需要具备深入的技术知识和卓越的管理能力，能够协调各方利益，确保工程进度和质量，如表1-6～表1-10所示。

1.1.8 坚持诚信守约和安全、质量控制

要把坚持诚信守约和安全、质量控制，作为提升项目履约能力的主要手段。企业在市场的形象，首先体现在合同工期上。因此，项目在进场初期，就要认真研究合同条款，根据合同条款约束和自有资源状况、工程特点和业主管理模式以及当地外部环境等实际情况进行综合分析，不断优化施工方案，依靠科学合理的施工方案，对整个项目运作进行预控管理，拟订出切实可行的阶段性工期计划，按计划完成业主阶段性工期目标，否则，就不可能兑现合同条款，就会失信于业主。

其次是工程质量的全面创优。工程质量是业主高度关注的焦点，项目的所有方案制定和管控措施的出台实施，都必须体现出确保质量的具体举措。项目盈利固然重要，但绝不能为了效益而忽视质量，任何忽视质量的侥幸心理都可能给项目带来灭顶之灾，一旦质量失控，诚信守约、兑现合同承诺就会成为一句空话，企业就无形象可言。项目上下一定要牢固树立安全、质量是企业生命的观念，必须强化职工的安全质量意识，建立内控机制，明确安全质量标准，严格按标准施工，按质量标准自检，建立健全安全质量保障体系。要把住材料送验关、施工操作关、质量认证关和质量病害处理关，努力消除安全、质量通病。力争开工必优、一次成优，提高工程的一次性合格率和优良率，依靠更多的优质工程取信于业主，取信于市场。因此，严格履行工程承包合同，按期按质交工必须成为项目经理的主流思想，如图1-12、表1-11～表1-14所示。

现场原始记录表 表 1-6

工程名称:××××项目		编号	MMT-001
施工单位:××××建设有限责任公司			
监理单位:××××建设工程管理有限责任公司			
工程部位:厂区道路、外管廊架柱基预埋螺栓			

内容及简图:(概述原因、事由)根据现场实际情况,经业主项目组研究讨论决定,对以下做法进行变更。

1. 厂区道路(运输路、消防路、堆场):
   - 200mm 厚 C30 混凝土面层压纹。
   - 500mm 厚塘渣料(山皮石)压实。
   - 挖至原土层,原土压实(0.94)。

2. 事故池池底板厚度变更:原图 750mm 底板厚改为 500mm 厚,其他不变(即基底标高抬高 250mm)。

3. 外管廊架做法变更:①预埋螺栓:$8\phi24$ 改为 $6\phi24$。

   $10\phi24$、$12\phi24$ 改为 $8\phi24$。

   钢构柱脚板螺栓孔同步调整。

   ②混凝土基础柱顶标高现场测定,按分区后附图所示。

现场签证使用范围说明:

1. 合同内各单体设计变更、增减工程量或预算漏项多算少算工程量进行确认并进入工程结算的项目。

2. 不进入工程结算的其他零星项目或实报实销(如临时用的机械台班、人工费、其他设施等)的签证

施工单位	监理单位	建设单位
记录人:	监理代表:	建设单位代表:
时间: 年 月 日	时间: 年 月 日	时间: 年 月 日

注:如施工单位填报,一式五份,落款处需签字、盖章,执业人员需加盖执业章。

签证工作联系单表

表 1-7

工程名称：×××（MMT）项目

编号：MMT-001

事由：根据业主项目组研究讨论决定,对厂区道路、事故池做法进行变更。
1. 厂区道路(运输路、消防路、堆场)：┌200mm 厚 C30 混凝土面层压纹。 ├500mm 厚塘渣料(山皮石)压实。 └挖至原土层,原土压实(0.94)。
2. 事故池池底板厚度变更:原图 750mm 底板厚改为 500mm 厚,其他不变(即基底标高抬高 250mm)。
3. 外管廊架做法变更:①预埋螺栓:$8\phi24$ 改为 $6\phi24$。 　　　　　　　　　　$10\phi24$、$12\phi24$ 改为 $8\phi24$。 　　　　　钢构柱脚板螺栓孔同步调整。 　　　　　②混凝土基础柱顶标高现场测定,按分区后附图所示。 附件:工程量确认单(表 1-8)。 　　　　　　　　　　　　　　　　　　　　　　　　　　承包单位:(盖章) 　　特此上报。 　　　　　　　　　　　　　　　　　　　　　　　　　　施工单位项目经理: 　　　　　　　　　　　　　　　　　　　　　　　　　　日　期:　年 月 日
监理单位意见:(盖章) 现场监理工程师:　　　　　　　　　　　　　　　　　　　　监理总监: 　　　　　　　　　　　　　　　　　　　　　　　　　　日　期:　年 月 日
建设单位现场工程师意见:设计变更必须在竣工图上修改调整。 　　　　　　　　　　　　　　　　　　　　　　　　　　负责人: 　　　　　　　　　　　　　　　　　　　　　　　　　　日　期:　年 月 日
建设单位意见:(盖章) 　　　　　　　　　　　　　　　　　　　　　　　　　　项目负责人: 　　　　　　　　　　　　　　　　　　　　　　　　　　日　期:　年 月 日
设计单位意见:(盖章) 　　　　　　　　　　　　　　　　　　　　　　　　　　设计单位: 　　　　　　　　　　　　　　　　　　　　　　　　　　项目负责人: 　　　　　　　　　　　　　　　　　　　　　　　　　　日　期:　年 月 日

建设工程签证工程量验收确认汇总表（工程量确认单）   表 1-8

建设项目名称：

验收范围：

项	目	节	工程或费用名称	单位	合同造价内工程量及实际完成工程量			变更增（减）工程验收确认工程数量
					预算工程数量	实际施工验收确认工程数量	实际完成工程量计算式	
参加验收人员签名			施工单位参加工程量验收人员意见及签名			监理单位参加工程量验收人员意见及签名		建设单位验收意见
			验收意见			验收意见		验收意见
			验收人签名			验收人签名		验收人签名

工程签证单　　　　　　　　　　　　　　　表 1-9

编号：

项目名称	
甲方单位	

签证内容：

    1. 由于施工道路不畅通,给乙方材料搬运加大难度,造成人工浪费。

    2. 屋面在原图纸基础上向四周拓展 5cm。

    3. 屋面山墙在按原图纸施工到位后又拆除重新按新图纸加防潮基础和承载柱。

    4. 落水管 7 根。

    5. 东立面做散水坡。

    6. 根据甲方要求,第一级台阶加宽 5cm。

    7. 南立面土方清理。

    8. 南立面做散水坡和排水沟。

    9. 在乙方根据甲方要求将外墙施工完毕后,因为甲方决策原因外墙颜色更改 3 次

甲方代表：	乙方代表：

设计变更费用申请单　　　　　　　　　　　表 1-10

施工单位名称：　　　　　　　　编号：

项目名称			
合同名称			
变更类型	□数量　　□单价　　□设计　　□其他		
申请文号		上报时间	年 月 日
设计变更依据			

变更原因及方案说明：

工程量及费用计算说明：

续表

变更项目	支付号	单位	原数量	变更后数量	增减数量	合同单价（元）	新单价（元）	增减金额（元）
主办		复核				项目经理		

注：变更批复文件及其他相关资料附后。

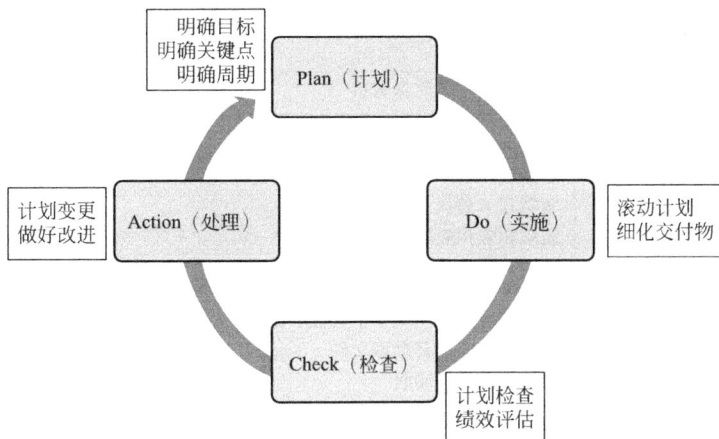

图 1-12 安全质量过程控制

建筑工程基本情况表　　　　　　　　　　　　　　　　表 1-11

工程所在地：＿＿＿＿＿＿＿＿

单位工程名称				
工程地址				
施工合同证号		动工日期		
建筑面积	m²	建筑层数		
构造种类		形象进度		
质量责任主体和相关机构				
单位类型	单位名称	单位资质证书编号	项目负责人姓名	项目负责人执业资格证书编号
建设单位				
勘探单位				
设计单位				
施工单位				
监理单位				
施工图审查机构				
质量检测机构				
备注				

五方责任主体项目负责人落实质量评审责任情况检查表　　　　表 1-12

工程名称：　　　　　　　　　　　　　　　　　　　　　　　检查日期：

序号	检查项目	主要检查内容	检查情况
1	授权书签署情况	五方责任主体动工前应签署项目负责人授权书	
2	竣工标牌设置情况	竣工时应在工程醒目位置设置竣工标牌	
3	工程五方责任主体信息归档情况	工程竣工资料中应收集项目负责人信息资料并归档	
4	施工项目经理履行质量责任情况	动工前应签署质量评审责任承诺书 人员在岗组织施工 组织带班检查 及时正确签署质保资料	
5	建设项目负责人履行质量责任情况	动工前应签署质量评审责任承诺书 人员在岗组织建设 组织相关会议 组织相关检查验收 及时正确签署质保资料	
6	勘探项目负责人履行质量责任情况	动工前应签署质量评审责任承诺书 按规范要求出具勘探文件 参加相关检查验收 及时正确签署质保资料	
7	设计项目负责人履行质量责任情况	动工前应签署质量评审责任承诺书 按规范要求出具设计文件 参加相关检查验收 及时正确签署质保资料	
8	总监理工程师履行质量责任情况	动工前应签署质量评审责任承诺书 人员在岗组织监理工作 组织监理例会 组织相关检查验收 及时正确签署质保资料	
9	整改要求：		

工程建设施工现场情况检查表　　　　表 1-13

工程名称：　　　　　　　　　　　　　　　　　　　　　　　检查日期：

序号	检查项目	主要检查内容和方法	检查情况
一、工程资料			
1	设计图纸审查及改正	设计图纸经有资质单位审查合格,施工图改正有设计改正文件	
2	见证取样和送检记录	水泥及外加剂、混凝土试块、砂浆试块、钢筋及连接接头试件、承重墙的砖、砌块和防水资料等目击取样和送检记录资料及相关试验(查验)报告单、现场设置标准养护室	

序号	检查项目	主要检查内容和方法	检查情况
3	施工试验报告(记录)	混凝土试块、砌筑砂浆试块抗压强度试验报告及统计评定,钢筋焊接、机械连接、钢构造焊缝质量检测报告,回填土查验报告等	
4	施工记录	地基验槽、桩基施工、混凝土施工、沉降观察等记录	
5	质量查收记录	查验批、分项、分部(子分部)查收及隐蔽工程查收记录;查收人员资格	
二、地基基础工程			
6	地基强度或承载力检验、工程桩检测	地基强度或承载力查验报告、工程桩检测报告	
7	桩位偏差、桩顶标高、试件强度	偏差和试件留置数量应符合要求,超出规范合同偏差的须有设计办理建议	
8	基坑施工	基坑专项施工方案、深基坑专项论证方案、基坑监测报告	
三、混凝土工程			
9	模板与支架的设计	模板及其支架专项施工方案,高支模专家论证建议	
10	受力钢筋品种、级别、规格和数量	比较施工图检查	
11	钢筋代换	当钢筋的品种、级别或规格需作改正时,应办理设计改正文件	
12	钢筋的加工、绑扎和连接	加工、绑扎质量是否满足要求,连接方式和连接质量	
13	钢筋构造措施、受力钢筋位置和混凝土保护层厚度	检查作业面上的受力钢筋间距、固定措施,节点部位的箍筋间距,混凝土保护层厚度	
14	混凝土的外观质量和构件尺寸偏差	检查混凝土外观质量,抽查混凝土构件尺寸偏差	
四、砌体工程			
15	砌筑砂浆强度和试块留置	检查现场砂浆配合比实质应用情况,检查计量用具设置应用情况,砂浆试块留置数量、养护环境、标记等	
16	预制承重构件安装	观察检查已安装的预制承重构件安装位置、搁置长度和堆放在场所上的预制构件情况	
17	小砌块质量	施工时所用小砌块的产品龄期不应小于28d,承重墙体严禁使用断裂小砌块,小砌块应底面向上反砌于墙上	
18	墙体转角处、交接处及临时中止处砌筑方式	墙体转角和纵墙交接处应同时砌筑,临时中止处应砌成斜槎,抗震设防地区设置拉结筋情况	
19	灰缝厚度及砂浆饱满度	用尺量检查10皮砖灰缝厚度,用百格网检查作业面的砂浆饱满度	
20	施工荷载控制	观察检查楼层堆载情况	
21	构造措施	构造柱、圈梁设置情况	

序号	检查项目	主要检查内容和方法	检查情况
五、现场抽测情况			
22	钢筋原资料	使用游标卡尺现场抽测直径	
23	钢筋位置、数量、保护层厚度	使用钢筋扫描仪现场抽测	
24	混凝土强度	使用混凝土回弹仪现场抽测	
25	楼板厚度	使用厚度检测仪或钻孔抽测	
26	整改要求:		

四川省在建工程项目安全生产工作检查表　　　　表1-14

工程名称：　　　　　　　　　　　　　　　　　　　　　　　　　　检查日期：

项目经理名称：			注册证书编号：	

项目经理安全生产能力核查证书号:（　　）建安＿＿＿（　　　　　　　　　　　）＿＿＿＿＿＿

专职安全员	姓名	安全生产能力核查证书号	姓名	安全生产能力核查证书号
		（　　）建安＿＿＿（　　）＿＿＿＿＿＿		（　　）建安＿＿＿（　　）＿＿＿＿＿＿
		（　　）建安＿＿＿（　　）＿＿＿＿＿＿		（　　）建安＿＿＿（　　）＿＿＿＿＿＿

序号	检查项目	要求	检查情况
1	安全生产责任制的建立及落实情况	建立安全生产责任制,内容齐全,责任明确落实到人,签署人符合要求(项目经理、安全员)	
2	安全文明资本保障情况	按规定标准落实安全防范、文明施工措施费,使用符合要求	
3	施工现场隐患排查治理制度及重要危险源鉴别监控控制制度建立及落实情况	建立制度,并认真组织推行	
4	安全培训教育制度落实情况	施工人员按要求接受三级安全培训教育,资料齐全,签字规范	
5	文明施工和环境保护	施工规范围挡符合要求,总平部署合理,设施设备、资料、消防器材配置合理;食堂证照齐全,干净卫生;临时宿舍搭设资料符合要求,卫生设施齐全,宿舍内干净齐整	
6	施工现场安全管理机构的建立和运行情况	建立完满的项目安全管理机构,人员、装备符合要求;分包单位安全管理一致纳入总包单位安全管理;安全管理人员持证上岗且到位履职	
7	在建工程项目施工组织设计中安全技术措施拟定履行情况;危险性较大分部分项工程专项施工方案编制、审查、专家论证、审批制度履行情况	依照标准规范要求拟定安全技术措施,对危险性较大的工程按要求拟定专项施工方案,并落实专家论证制度,审批手续齐全	

序号	检查项目	要求	检查情况
8	安全检查和安全技术交底制度履行情况	依照要求建立安全检查和技术交底制度;安全检查做到全覆盖,检查中发现的隐患及时整改到位;安全技术交底到位,内容与现场情况吻合,签字手续完整	
9	安全防范用具装备及使用情况	依照要求装备齐全、合格的安全防护用具并正确使用	
10	建筑起重机械设施备案登记、安拆方案制订和推行、安拆单位资质及人员资格等情况。起重设施租借、安装、检查、查收、维修、养护情况	依照要求办理起重机械产权备案、使用备案手续;安拆单位及人员具备相应资质,依照要求拟定和推行建筑起重机械设施安拆方案,并按照安拆方案进行安装、拆除	
11	安全防范情况(包括基坑支护、临边洞口防范、整体提升脚手架、施工用吊篮、物料提升机、卸料平台等)	依照标准规范要求进行安全防范,安全标识规范、齐全	
12	安全生产应急救援制度落实情况	依照规定编制事故应急救援方案,方案针对性强,建立了应急救援组织,落实了救援人员和物资,并组织了演练	
13	特种作业人员持证情况	现场特种作业人员持证上岗,证书由住房和城乡建设主管部门颁发	
14	整改要求:		

1.1.9 项目进度控制要点

项目的进度控制首先要有一个合理的进度计划,这个计划一是要符合总工期,里程碑事件划分要合理,工程的施工前期工期安排必须紧密,要有所超前,不能把时间压力传给后期,造成收尾阶段进度失控。

其次,在项目施工过程中,造成进度的拖后除了施工单位的原因,还有天气、不可抗力、图纸下发延迟、设计变更、甲方的额外要求、甲方和地方政府协调不畅,以及监理指挥失误等非施工单位的原因。在发生这种影响工期的事件时,施工单位首先需要做好记录,保留证据,及时沟通,争取延长工期,减轻施工压力。

最后,从施工单位自身来说,避免返工是控制施工进度的最佳手段,返工不但会造成施工成本的增加,也会造成工期的延长。有些返工是由于施工单位质量自控不严造成的,有些返工是由于对甲方和监理的质量要求掌握不准造成的,所以这项工作也是项目经理需要经常关注的。

案例 1-11: --

在某个大型住宅楼项目中，项目经理负责监督多个工程小组的进度和工作质量，以确保项目按时完成。其中一个小组负责铺设三个栋号楼宇外墙的瓷砖。由于工程量巨大，这个小组需要在一个月内完成铺设。然而，由于材料供应的延迟和天气的异常，这个小组的工作进度受到了很大的影响，导致他们无法按时完成工作。

为了解决这个问题，项目经理采取了一系列措施，以确保工程能够按时完成。首先，项目经理与供应商协商加快材料供应进度，以便小组在规定的时间内得到所需的材料。其次，项目经理为这个小组增加 20 名工人，增加了施工力量。最后，项目经理更改了施工计划，由原来三栋楼依次施工更改为三栋楼平行施工，增加了工作面，提高了工作效率。

由于项目经理的管理，这个小组最终成功地在规定时间内完成了工作，而且工作质量也得到了保证。这不仅保证了整个项目的进度，还提高了客户的满意度，也为其他项目经理在类似情况下的管理提供了帮助。

总的来说，这个案例表明了项目经理对工程进度进行控制的重要性，以及如何在面对挑战时采取适当的措施来保证工作进度和质量的高效完成。

1.1.10 项目安全控制要点

施工阶段安全管理如图 1-13 所示。

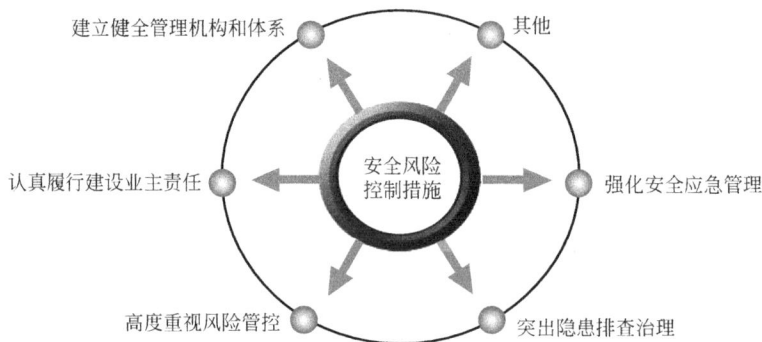

图 1-13 施工阶段安全管理

项目的安全管理中最主要的是控制两点：一是安全外业，应该由项目安全负责人牵头，按照公司和项目的安全管理规程，进行现场安全管理，安全隐患排查及处理。除了项目自身的安全管理，还应该借助外部的力量，比如建设单位、监理单位、本公司的质监部门、政府的安全监督部门。对上述部门的检查和安全整改要求，项目部应派专人负责。各方的不同角度、不同的安全管理思路会提升项目的安全管理水平，从而达到帮助项目进行安全管理的目的。

另外，还有安全内业的管理，从上级和政府部门的角度来说，考察项目的安全管理水平的一个重点是资料，项目的平常安全管理过程随着时间的流逝，无法保留，安全管理过程无从考证，而资料是简单明了、易于上级部门评价安全管理行为的一项重点内容。

案例 1-12:

在某个高层建筑项目中，项目经理负责监督多个工程小组的进度和工作质量，同时也要确保工作场所的安全。在建设过程中，由于高层建筑的施工风险大，工作场所的安全管理尤其重要。

在施工过程中，工人们需要在高空作业，使用危险的工具和设备。因此，项目经理必须对工人的工作环境和安全设施进行严格控制，以确保他们的安全。然而，在这个项目中，有一个小组的工作安全问题引起了项目经理的注意。

这个小组负责在高层建筑外墙进行玻璃幕墙的安装。由于幕墙材料的特殊性质，这个小组需要在高空进行作业，并且需要使用特殊的工具和设备。然而，这个小组的工作安全设施存在问题，工人使用的安全绳是老式三点固定，没有使用新式五点固定的安全绳，安全网搭设也落后于施工进度。

项目经理意识到了这个问题，便立即采取措施进行纠正。首先，他安排了一次全员会议，强调了安全管理的重要性，为所有戴老式安全绳的工人更换了新式的安全绳，并借这个机会对所有工人进行了一次全面的安全教育。其次，他派安全员到工地上进行监督和指导，重点解决安全网落后于施工进度的问题。最后，他对这个小组的工作现场进行了严格的检查和监管，确保工人在高空作业时遵守安全规定。

由于项目经理的管理，这个小组的安全问题得到了解决，工人们的人身安全得到了保护，整个项目也得到了更好的安全保障。这不仅保证了施工过程的安全，还提高了工人的安全意识和施工质量，提升了项目安全管理水平。

总的来说，这个案例表明了项目经理对工程安全进行控制的重要性，以及如何在面对挑战时采取适当的措施来保证工作安全和质量的高效完成。如表 1-15 所示。

项目安全资料内容示例——××公司建筑工程安全资料汇总　　　　表 1-15

序号	文件性质	文件名称	文件说明
1	组织结构	项目安全文明领导小组	—
2		项目人员工作分工	—
3	管理制度及流程	安全管理制度	重要的管理制度应该上墙
4		安全生产责任书	责任人签字
5		安全生产检查流程	①要有责任人。②要有考核
6	三级教育	进场安全教育——公司级	公司不方便派人时可由项目技术负责人或者项目经理传达
7		进场安全教育——项目级	技术负责人执行
8		进场安全教育——班组级	技术负责人或安全员执行
9	交底及操作规程	安全施工交底——针对所有人	①有针对性。②所有人都必须有。③新进场工人必须有。④必须本人签字
10		各工种安全施工交底——针对各个班组	①不同班组分开交底。②交底人和被交底人必须签字
11		安全施工知识考核	①针对现场实际。②题量不大。③只给一部分答案。④批改后成绩可作为工人安全知识能力评价
12		各种设备操作规程	包括铲车、钩机、塔式起重机、汽车式起重机、钢筋折弯机、升降机、电焊机等

序号	文件性质	文件名称	文件说明
13	人员证书及设备合格证明	特种作业人员证书	①是否和工作内容相符。②是否在有效期内。③是否定期核查有效期。④需要报监理审查
14		进场设备合格证明	①设备合格证。②年审记录。③保养记录。④管理和保养制度。⑤需要报监理审批
15	专项施工方案	各种安全施工方案	①和现场吻合。②需报审。③方案必须齐全。④达到规模需论证。⑤高处作业、深基坑、临时用电、高支模、消防等
16	演练	各种演练方案及演练记录	—
17	过程检查	机械设备、车辆定期巡检	①有进场检查记录和保养记录。②特种车辆需交管部门年检。③设备进出场台账
18		周检	①有记录。②有整改时限。③有整改前后的照片
19		月检	
20	事后总结	安全隐患整改台账	—
21		周例会及安全问题与事故分析会	①有会议签到。②有照片

1.1.11　项目质量控制要点

从项目管理的角度来看，质量控制的第一原则就是质量标准要明确，所有超过质量标准的行为，在甲方和监理的眼里，当然没有问题，但是超过标准，必然带来成本的增加，控制好质量标准是项目经理要关注的第一件事情，质量标准必须依据合同，依据国家现行标准，而不是甲方、监理想把工程质量提升而提高施工质量等级的想法。

其次，项目经理要关注施工工程的一次合格率，在一次施工的时候，一点点小的失误，在工作完成以后，进行整改时，整改代价可能是原来的十几倍。

最后，要关注施工薄弱环节的质量提升，一个工程的好坏由质量最差的部位决定，而不是质量最好的部位，这就是所谓木桶的短板效应，可以采取对该部位进行专人看管，重点关注，通过技术交底、样板学习、质量会议、现场会议等形式进行质量薄弱环节的管控。

现场质量会议记录内容如表1-16所示。

现场质量会议照片如图1-14所示。

1.1.12　规范现场管理，提升管理水平

要把规范现场管理、提升管理水平，作为企业对外展示形象的有效窗口。施工现场不仅是项目管理水平的集中体现，更是企业最为直接的对外展示形象的窗口。

俗话说：行家一伸手就知有没有。现场的临建布置、料场规划、材料分类放置、机械停放、道路走向、垃圾处理等都必须规范合理，都必须体现出布局合理、便于施工的原则。必须通过严格的岗位责任和健全的规章制度、严肃的工作纪律来约束现场管理人员和操作人员，具体责任要落实到班组、人头，经常性做好现场的"脏、乱、差"整治工作。企业的各种标识标牌必须按照企业文化规定进行统一制作安装，以此为窗口彰显企业形象和施工素质。

×××建筑公司现场质量会议记录　　　　　　　表 1-16

项目	××××项目	日期:×××
会议议题	电渣压力焊质量问题处理及施工参数确认	班组:钢筋焊接班组
会议主持人员		
会议内容	一、质量会议召开原因:电渣压力焊施工班组施工质量不合格,产生下列质量问题:①钢筋连接不同芯。②焊包太小。③焊包形状不均匀。④焊包一面大一面小。 二、质量会议参加人员:总包单位现场管理人员,钢筋班组负责人,电渣压力焊班组负责人,电渣压力焊全体施工工人。 三、现场质量会议流程: 1. 全体参加人员对不合格焊包进行观察,向施工人员询问产生不合格焊包的原因。 2. 管理人员对工人的回答进行讲评,纠正不对的地方。 3. 现场让工人进行实际操作,并检查操作结果。 4. 针对工人的操作行为总结产生质量问题的原因。 5. 当场确定施工参数,并下发技术交底。 附件:1. 班组施工技术交底。2. 现场会议照片	
现场参与人员签字		

图 1-14　现场质量会议

1.1.13　增强核算意识,全面推行项目考核制度

要把增强核算意识,全面推行项目考核制度,作为项目管理的主要手段。施工项目成本管理是企业生存和发展的基础和核心,在施工阶段搞好成本控制,达到增收节支的目的,是项目经营活动中更为重要的环节。

随着建筑市场竞争的日益激烈,合理价中标的形势已经远去,低标价中标、低成本竞争已经成为事实,需要依靠全员成本意识的转变、全员自觉的成本管控行为、科学合理的资源配置、不断优化的施工方案、施工工艺的不断改进、严密精细的过程控制等来控制成本。因此，一定要树立大成本、全员成本、总成本预控、分项成本死守的成本理念。

要加强材料采购、人工费支出以及项目预算等几个环节的管理工作，使项目成本的预测、控制落到实处。重点减少材料采购成本，加强施工现场的材料管理、质量管理，减少因施工原因造成的返工，降低施工过程中不必要的材料损耗。要严格制定、执行各项施工成本考核与奖励制度，并根据项目经营承包合同书，做好项目年度和终结考核工作，解决项目管理体制中"包盈不包亏"的问题。

项目考核制度示例：

1. 项目材料消耗成本考核制度

1）考核原则

确立明确的考核指标和权重，以消耗成本为主要考核指标，同时兼顾安全、质量、进度等因素，根据实际情况进行调整。

考核周期为每月一次，按照考核指标的得分情况，评定绩效等级，并与项目人员进行绩效评定和激励。

2）考核指标及权重

消耗成本：指材料消耗的成本占总成本的比例，反映项目管理者在材料采购、库存管理、消耗控制等方面的能力。权重50%。

安全：指在施工过程中，事故和安全事项的处理情况。权重20%。

质量：指在施工过程中，材料、构件和工序的质量是否达到要求。权重20%。

进度：指项目完成情况和进度计划的达成情况。权重10%。

3）考核流程

项目管理者每月根据考核指标的实际情况进行得分，总分为100分。

根据得分情况，评定绩效等级：优秀（90分以上）、良好（80分以上）、一般（70分以上）、不合格（70分以下）。

对于绩效等级为优秀和良好的项目人员，给予奖励或加薪等激励措施；对于绩效等级为一般的项目人员，进行改进指导和培训；对于绩效等级为不合格的项目人员，进行问责或调整。

定期对考核制度进行评估和改进，不断完善考核指标和流程，提高考核的科学性和公正性。

4）具体操作

消耗成本的考核指标包括材料采购成本、库存管理成本、材料消耗成本等。

安全的考核指标包括现场安全培训情况、安全保障设施的完善程度、事故处理情况等。

质量的考核指标包括材料的合格率、构件加工精度、工序操作规范等。

进度的考核指标包括进度计划的制订情况、任务分配的合理性、进度的实际完成情况等。考核结果应及时向项目人员反馈，并进行绩效评定和激励。

5）考核内容

（1）材料消耗情况考核

通过统计各工程的材料消耗情况，对各工程材料消耗情况进行排名、考核。

（2）人工消耗情况考核

通过统计各工程的人工消耗情况，对各工程人工消耗情况进行排名、考核。

（3）技术工艺考核

通过检查各工程的施工工艺和质量控制标准的执行情况，对各工程的技术工艺情况进行排名、考核。

（4）安全生产考核

通过对各工程的安全生产情况进行检查，对各工程的安全生产情况进行排名、考核。

6）考核标准

（1）材料消耗情况考核

考核标准：材料消耗量达到或低于设计要求的工程得满分，超过设计要求但不超过20%的工程得90分，超过20%的工程得80分，超过30%的工程得70分，超过40%的工程得60分，超过50%的工程得50分，超过60%的工程得40分，超过70%的工程得30分，超过80%的工程得20分，超过90%的工程得10分，超过100%的工程得0分。

（2）人工消耗情况考核

考核标准：人工消耗量达到或低于设计要求的工程得满分，超过设计要求但不超过20%的工程得90分，超过20%的工程得80分，超过30%的工程得70分，超过40%的工程得60分，超过50%的工程得50分，超过60%的工程得40分，超过70%的工程得30分，超过80%的工程得20分，超过90%的工程得10分，超过100%的工程得0分。

（3）技术工艺考核

考核标准：技术工艺符合设计要求、符合国家法规和规范的工程得满分，基本符合要求的工程得90分，部分符合要求的工程得80分，不符合要求但没有影响施工的工程得70分，不符合要求且对施工有一定影响的工程得60分，不符合要求且对施工有较大影响的工程得50分，不符合要求且对施工有很大影响的工程得40分。

（4）安全生产考核

教材标准：按照现行《建筑施工安全检查标准》JGJ 59内的检查表格进行考核及打分。

2. 项目人工成本考核制度

定义指标：人工成本考核指标可以包括实际工资支出、加班费用、社保费用、劳动保护费用、培训费用等。

制定考核标准：根据工程项目的实际情况，制定合理的考核标准，例如制定每月人工成本占总成本的比例目标，并根据实际情况进行调整。

确定责任人：项目经理应该指定一名专门负责人工成本考核的责任人，并明确他的职责和工作要求。

收集数据：责任人应该负责收集和整理与人工成本相关的数据，并进行核算和分析。

制定报告：责任人应该根据收集到的数据制定月度或季度报告，汇总人工成本考核结果，并提供具体的建议和改进方案。

激励机制：为激励员工积极参与工作，可以制定相应的激励机制，例如根据个人工作表现给予奖金或晋升机会。

定期评估：定期评估考核制度的执行情况和效果，对制度进行优化和改进。通过制定有效的项目人工成本考核制度，可以帮助项目经理更好地控制人工成本，提高工作效率和质量，促进项目的成功实施。

3. 项目零星用工成本考核制度

1）制度目的

本制度旨在规范项目中零星用工的行为和管理，提高用工成本的控制和管理水平，推动项目管理成果的实现。

2）适用范围

本制度适用于项目中零星用工的考核和管理。

3）考核指标

（1）工作效率：对于零星用工进行工作效率考核，对完成工作的数量和质量进行评价。

（2）工作质量：对于零星用工进行工作质量考核，对完成工作的质量和符合要求的程度进行评价。

（3）出勤情况：对于零星用工进行出勤情况考核，对于按时到岗、按时下岗、按时完成任务的零星用工进行评价。

（4）安全生产：对于零星用工进行安全生产考核，对于遵守安全规定、没有违规行为的零星用工进行评价。

4）考核办法

（1）每周或每月对零星用工进行考核，考核内容包括工作效率、工作质量、出勤情况、安全生产。

（2）对考核结果进行统计分析，按照考核得分对零星用工进行评级，分为优秀、合格、不合格三个级别。

（3）对于优秀的零星用工，可给予适当的奖励，如加薪、表扬、提供培训等。

（4）对于不合格的零星用工，应及时进行整改和处理，如进行再次培训、降低薪资待遇等。

5）执行流程

（1）项目经理组织项目部门制定本制度，并进行公告。

（2）项目经理指定负责人负责考核工作，并确定考核时间和考核指标。

（3）负责人对零星用工进行考核，并按照考核得分进行评级。

（4）项目经理组织讨论并给予奖励或采取整改措施。

（5）负责人将考核结果和处理措施反馈给项目经理。

6）制度改进

本制度的执行过程中，如果发现有需要改进的地方，可以及时提出并经过项目经理审核后进行修改完善。

4. 项目机械设备使用成本考核制度

本考核制度是为了合理控制机械设备使用成本，规范机械设备使用管理，提高机械设备使用效率和经济效益而制定的。该制度适用于该项目中所有机械设备的使用管理。

1）考核标准

机械设备使用成本包括设备租赁费、油料费、维修保养费、人员工资等费用。为控制机械设备使用成本，制定如下考核标准：

（1）设备利用率考核标准：设备利用率是指机械设备实际使用时间与设备总时间之比。设备利用率达到80%以上得1分，70%～80%得0.8分，60%～70%得0.6分，60%以下得0分。

（2）设备维修保养费考核标准：设备维修保养费用是指机械设备每月的维修保养费用。维修保养费低于设备租赁费的1%得1分，1%～2%得0.8分，2%～3%得0.6分，3%以上得0分。

（3）设备油料费考核标准：设备油料费是指机械设备每月的油料费用。油料费低于设备租赁费的3%得1分，3%～5%得0.8分，5%～7%得0.6分，7%以上得0分。

（4）设备人员工资考核标准：设备人员工资是指机械设备操作员每月的工资。设备人员工资低于设备租赁费的5%得1分，5%～7%得0.8分，7%～10%得0.6分，10%以上得0分。

2）考核周期

机械设备使用成本的考核周期为每月一次，考核期为当月的第一天至最后一天。

3）考核责任人

项目经理负责机械设备使用成本的考核，由设备管理员提供机械设备使用时间和费用等相关数据。

4）考核结果处理

根据考核标准计算每个机械设备的得分，项目经理对每个机械设备的得分进行统计和汇总，形成机械设备使用成本考核报告。根据考核报告，进行奖惩处理，对考核得分在80分以上的机械设备进行奖励，对考核得分低于60分的机械设备进行处理。

5. 项目日常运作成本考核制度

考核对象：项目管理团队。

1）考核内容

项目管理团队的日常开支，包括但不限于办公用品、会议费用、交通费用、通信费用、水电费用等。

项目管理团队对项目运作的影响，包括但不限于项目进度、质量、安全、成本等方面的表现。

2）考核标准

考核开支：以每个季度为考核周期，考核周期内的日常开支不能超过规定的预算，超出预算的部分由项目管理团队自行承担。

考核绩效：以每个季度为考核周期，考核周期内的项目进度、质量、安全、成本等方面表现良好的项目管理团队，将获得相应的奖励，表现不佳的项目管理团队将承担相应的惩罚。

3）考核程序

每个季度结束后，由项目经理组织对项目管理团队的日常开支进行审核，并对项目运作进行评估。

根据考核标准，对每个项目管理团队的考核结果进行统计和分析。

统计分析结果将用于奖惩决定和对项目管理团队的培训计划。

4）奖惩措施

表现良好的项目管理团队将获得相应的奖励，包括但不限于奖金、荣誉称号等。

表现不佳的项目管理团队将承担相应的惩罚，包括但不限于罚款、降职等。

对于表现不佳的项目管理团队，项目经理应制订相应的培训计划，提高其管理能力和水平。

以上考核制度仅为参考，具体实施应结合项目实际情况进行调整和制定。

6. 项目总成本考核制度

1）考核标准

本考核制度旨在通过对项目总成本进行综合评估，促进项目的质量、安全、进度、成本等方面的管理，确保项目的可持续发展。

考核标准主要包括以下几个方面：

（1）项目质量：包括施工质量、工程检测合格率等。

（2）项目安全：包括施工现场安全、职工安全、环境保护等。

（3）项目成本：包括施工费用、材料费用、人工费用、设备使用费用、管理费用等。

2）考核方法

（1）考核周期：按照项目的计划执行周期，一般为每季度或每半年进行一次考核。

（2）考核指标：根据考核标准，对各项指标进行量化，制定具体的考核指标，包括但不限于以下几个方面：

① 施工质量：合格率、质量问题处理率等。

② 项目安全：事故发生率、安全检查合格率等。

③ 项目进度：工期计划完成率、工期延误天数等。

④ 项目成本：施工费用占总成本的比例、材料费用占总成本的比例、人工费用占总成本的比例、设备使用费用占总成本的比例、管理费用占总成本的比例等。

（3）考核评分：对各项指标进行评分，并按照不同的权重进行加权平均，得出项目总成本得分。

（4）考核结果：根据项目总成本得分，对项目进行评级。得分越高，评级越高。

3）奖惩措施

（1）奖励措施：对得分较高的项目给予一定的奖励，包括但不限于以下几种形式：

① 表彰：在公司内部或业内公开表彰该项目。

② 奖金：给予一定的项目奖金。

③ 培训机会：为项目团队提供相关的培训机会。

（2）惩罚措施：对得分较低的项目进行惩罚，包括但不限于以下几种形式：

① 罚款：按照项目总成本的一定比例对项目进行罚款。

② 降级：将项目评级降低。

③ 责令整改：对项目进行整改，并进行监督。

1.2 项目经理到底应该干什么?

项目经理，顾名思义，就是一个项目所有相关事项的第一责任人和管理人。对这个项目的过程和结果负责，并沟通、协调所有项目参与者和项目干系人齐心协力，让项目按照既定目标和计划进行并结项。

项目经理一定是一个项目最开始的参与人之一，包括整个项目的立项，到立项后项目目标的确定，整体项目的规划工作，一直到后面确定项目的主要参与人选、对项目任务进行分解，落实成行动以及后续持续的监督、整改等全过程，都需要项目经理的深度参与。

工程项目经理工作职责：

（1）全面负责项目工程管理工作（项目的制度执行、质量达标、安全文明施工、施工进度等），组织开展项目的全过程管理，侧重在策划、招标投标、实施效果等管理工作，配合工程实施的进度、质量、收款等工作。

（2）负责组织参与项目总体开发计划的编制，审核所属部门的项目工作计划，参与各类工程会议及图纸会审、施工方案初审，并监督其执行情况；牵头制订并落实本项目各项工作计划，如总控计划、月度及周计划、招标计划、甲供材料到货计划、图纸深化计划、样板施工计划、验收交付计划等。

（3）熟悉工程招标投标业务流程，能熟练与业主、监理等单位进行业务沟通；负责所属部门与公司内部相关职能部门之间的工作协调与配合，协调和管理公司内部项目组成员，有效推进项目实施，合理调配公司资源，确保项目建设质量、成本和进度目标达成。

（4）建立各个领域中的社会关系、客户资源（包括投资方、设计院、分包方等），以保持在相关领域中的市场占有率。

（5）负责对工程材料和设备的采购及招标工作进行监控，对重要材料设备的质量、成本和配送进行监控，保证满足工程施工要求；组织项目部对甲供材料、乙供材料的加工、到货情况进行跟踪，对照合同条款、合同清单及技术规格书的具体要求进行材料验收，形成跟踪及验收文件。

（6）建立工程项目信息管理机制，定期审核工程进度报表，对各项目的工作情况定期监督检查，对项目开发流程的关键环节和节点进行全面监控；定期组织、指导、检查工程现场管理工作，督促施工单位对现场存在的问题进行整改。

（7）牵头召开部门内部例行会议、技术会议、交底会议等，形成会议纪要并落实跟踪制度。参与各技术方案、施工组织设计的讨论及决策。

（8）执行工程合同规定的各项检查制度并进行跟踪、纠偏，形成检查报告。协助公司层面的各项检查工作，并结合实际推进检查发现问题的解决落实。

（9）根据现场施工情况进行变更、现场签证管理。

（10）负责项目工程技术资料档案的检查、监督及考核管理工作。

（11）负责办理项目执行所需的相关手续，负责项目现场各方关系维护，协调现场与业主、监理及其他施工单位的关系，处理现场突发事件。

（12）负责下属工程师的培训及管理考核。

（13）负责工程验收及交付工作，跟踪工程款收汇进度，确保项目利润，保证项目顺利实施；预付款催要，并配合项目部门、设计部门办理增减款项及工程款预算工作。

（14）负责对项目重大技术问题、重大质量问题、重要设计变更进行协调处理与决策。

（15）项目结束后的复盘、考核及奖励落实等。

项目在收尾后，项目经理还需要做的一件事，就是要及时对项目进行总结和复盘。

是否按计划完成项目目标、项目成果如何，后续为了巩固项目效果还应做哪些事情，以及在这次项目中有哪些经验和教训。

同时，如果在项目开始阶段，设置了考核方案，还有对应的奖励措施，那也要第一时间将考核结果评估出来，对应的奖励，及时公布并发放。

1.3 如何利用规范、方案提高现场合规性

1.3.1 现场合规性概念

现场合规性是指项目执行的施工步骤和施工图纸、设计文件、施工规范相吻合，不能低于规范图纸的要求，以免造成现场返工，后期结算损失、罚款；也不能高于图纸设计文件、施工规范的要求，以免造成不必要的成本增加。一定要明确一点，好的工程是满足图纸、设计文件及施工规范的工程，不是标准最高的工程，是在上述标准的框架下做得尽可能好的工程。

对图纸和设计文件进行整体梳理，找出里面涉及的所有规范标准，对设计没有给出或者明确的细部做法、几何尺寸制作成技术交底文件，下发到相关人员手里。如表1-17所示。

××项目技术细节交底　　　　　　　　　　　　表1-17

交底部位	交底内容	备注
项目全部钢筋工程	本项目全部钢筋工程使用标准图集为22G101（1～3）	
项目全部混凝土类型	垫层C15、柱子C35、梁C35、板C30	公用工程房柱子C30

交底部位	交底内容	备注
项目全部钢筋工程锚固长度(l_{ae})	$35d$	门卫室钢筋锚固取 l_{ae}～$32d$
项目全部钢筋工程搭接长度(l_{le})	$46d$	
A1、A2、A3、A4、A5栋屋面防水卷材	单层防水卷材	
B1、B2、C1栋屋面防水卷材	双层防水卷材	
①主车间。②辅助生产车间预埋设备吊钩	吊环钢筋采用 HPB300E 钢筋，直径 20mm。埋入混凝土的深度不小于 $30d$	

注：d 为钢筋直径。

以上的技术细节交底是简单的示例，各项目根据具体情况进行改进，重点是把施工图纸上面的要点及细节以表格的形式展开，必要时可以上墙。给所有施工人员一个具体的数据、概念，避免落项、重复与图纸不符等错误。

1.3.2 现场合规性工作内容

施工方案是现场施工行为的依据和后期检查结算的辅助证明材料，施工方案的编写必须杜绝两个不规范的行为。一个是施工方案按照现成的方案修改，方案的施工标准高于图纸和设计文件。高于设计标准的施工方案甲方可以理解为施工单位对施工标准提高的承诺，如果现场和施工方案不符容易引起争议。另外一个是低于施工图纸和设计文件的标准。低于施工文件标准的施工方案首先可能被建设单位、监理单位退回，给他们留下项目技术能力不足的印象，在项目的结算阶段可能造成被建设单位扣除工程款的损失。

1.4 如何把公司制度文件在现场落实?

1.4.1 公司需要项目建立的管理制度

1. 项目经理岗位职责

（1）项目经理是公司派驻工程现场的全权代表，对工程项目施工现场负有行政、业务、技术、安全、质量、进度、秩序等方面的管理权限。担负与甲方或总包方之间的协调、配合，以及向甲方或总包方申请工程款等相关职责。

（2）项目经理必须恪守职业道德、公正廉洁、大胆管理，敢于担当、勇于负责，正确行使各种管理权限，公正处理和协调施工现场的各种矛盾和各种关系，使公司的施工队伍始终在良好的状态下开展施工工作。

（3）工程项目中标后，项目经理受公司的委派，应按公司现场工作流程暂行规定的要求，积极开展相关工作。

（4）施工队伍进驻工地后，应正确指导各班组长合理给人员定岗、定位，做好开工前的各项准备工作。对每个进驻施工现场的工人进行登记，存留身份证复印件，并做好每天的考勤记录，做好每月的工资报表。

（5）在施工过程中，认真指导各班组严格按照样板墙标准组织施工，抓好质量、控制成本、掌握好工期。

（6）切实抓好安全施工，施工人员进场后，项目经理对全体人员要进行安全技术交底，上班期间严格按照规章制度上岗，认真做好班组长工作职责第十三条规定的相关内容的落实。对不按要求上岗的，进行教育；对屡教不改的，进行停工；严重者清场。

（7）认真督促各班组长做好班组长工作职责。包括规定的各项规章制度的落实，施工中做到坚守岗位，巡岗随查，及时发现各种问题，并妥善予以解决。

（8）积极做好内、外协调，加强请示汇报工作。要积极主动做好各班组之间、与甲方和总包方之间、各工种之间的衔接、协调，主动接受并做好甲方或总包方对我方施工部门内部各种事项的监督与指导。在与甲方或总包方的协调不通或受阻时，应及时将情况向公司领导汇报并提出意见或建议，供领导选择，当好领导的参谋助手。

（9）认真抓好施工队伍的管理，切实履行职责，落实各项赏罚措施。在日常工作中，对队伍和员工的管理，以人为本，教育为主，处罚为辅。既要坚持原则，又要注意方式方法，赏罚分明，坚决兑现，以权威树立威信，以形象带领队伍。根据天气状况，每周应不少于一次，召集各班组长开会，分析安全形势，点评施工质量、进度，找出存在的问题，提出整改办法；交流施工工艺，提高施工水平；认真做好会议记录。

2. 图纸会审设计变更制度

（1）图纸会审工作由建设单位组织进行，按工程类别项目部（分公司）组织相关人员查阅、熟悉图纸，了解图纸中存在的问题，并参加图纸会审。

（2）图纸会审应做好记录，由组织会审单位将提出的问题及时解决，并详细记录，写成正式文件（必要时由设计单位另出修改图纸），监理（建设）单位、设计单位、施工单位的代表均应签名盖章认可，列入工程档案。

（3）在施工过程中，无论建设单位还是施工单位提出的设计变更都要填写设计变更联系单，经设计单位和监理（建设）单位签字同意后，方可进行。

（4）如果设计变更的内容对建设规模、投资等方面影响较大，则必须由公司审批后报送相关主管部门。

（5）所有设计变更资料，包括设计变更联系单、修改图纸均须文字记录，纳入工程档案。

3. 岗位培训制度

（1）培训工作力求做到"三化三实"（"多样化、规范化、科学化"）和"实际、实用、实效"。

（2）各项目部应根据培训计划及职工的排班情况科学安排培训。职工应按时参加培训。

（3）每次课程结束后，项目部将安排考试。考试的形式为书面答卷结合口头问答及岗位抽查。岗位抽查指项目部就所讲授的培训内容是否被学员运用到实际工作中进行随机考核。

（4）凡每次考试不及格者，不得上岗。待重考合格后，重新上岗。考证优秀者将视情况予以奖励。

4. 工程技术复核制度

技术复核项目应根据单位工程具体情况而定，但下列项目必须复核：

（1）放样、定位（包括桩定位）、基槽（坑）标高、深度。

（2）各层的标高、轴线，砖砌体皮数杆，模板的轴线、断面尺寸和标高。

（3）预制构件、预埋件、预留孔。

（4）混凝土、砂浆配合比（作为计量资料）。

（5）关系到结构安全和使用功能的项目技术复核后，施工员应立即填写复核记录和自复意见，报监理（建设）单位复核认可。

5. 技术交底制度

（1）坚持以技术进步来保证施工质量的原则，每个工种、每道工序施工前，项目部（分公司）必须进行技术交底。

（2）项目工程师或技术负责人对施工员、质检员、安全员及施工管理有关人员进行技术交底，明确关键性的施工问题、主要工种工程的施工方法和控制要点、采用的技术文件、检测要求以及安全技术要点。

（3）施工员对班组长进行技术交底，明确图纸要求、采用的作业指导书、施工方法要点、技术措施要点、质量标准要求、安全生产文明施工要点。

（4）班组长对作业班组进行技术交底，结合具体操作部位，明确各部位的操作要点、技术要点、质量要求、安全文明施工要求以及岗位职责。

（5）各级技术交底以口头进行，并有文字记录，参加交底人员履行签字手续，技术措施不当或交底不清而造成质量事故的要追究有关部门和人员的责任。

6. 隐蔽工程验收制度

（1）工程完工后无法进行检查的那一部分工程，特别是重要结构部位及有特殊要求的部位都要进行隐蔽工程验收。

（2）分项工程施工完毕后，应由施工员会同质检员进行自检，并签发隐蔽工程验收记录，在指定日期内，由监理（建设）单位、设计单位签具验收意见。

（3）隐蔽工程在未进行验收前，不得进行下道工序施工，若有违反验收制度，造成返工损失时，应追究有关部门和人员的责任。

（4）隐蔽工程验收单由工地资料员保管，竣工时整理成册，纳入工程档案。

7. 材料采购、检验、管理制度

（1）材料进场必须有材料员、仓管员、质量员到场进行验收，做好进货检验记录。

（2）钢材、水泥、砖、防水材料等原材料进场应有出厂合格证和质量保证书，还应及时做材料标识和复试工作。不合格材料由材料员与供货方交涉，办理退货、调货、索赔手续。

（3）各种材料的领用、发放必须持有施工员签发的材料领用单，仓库保管员方可同意进行。

（4）各种材料进场后至使用前均要挂设过程标识，明确检验状态，标明该批材料是否为待检品、不合格品或合格品，以便使用。

（5）仓库保管员应根据不同材料分类堆放，并根据不同性质做好防水、防火、防潮、隔热等保护工作，易燃、易爆物品应有专门仓库，专人保管、登记和领用。

8. 工程质量"三检"制度

（1）自检：操作人员在操作过程中必须按相应的分项工程质量要求进行自检，并经班组长验收后，方可继续进行施工。

施工员应督促班组长自检，为班组创造自检条件（如提供有关表格、协助解决检测工具等），要对班组操作质量进行中间检查。

（2）互检：工种间的互检，上道工序完成后下道工序施工前，班组长应进行交接检查，填写交接检查表，经双方签字，方准进入下道工序。上道工序出成品后应向下道工序办理成品保护手续，而后发生成品损坏、污染、丢失等问题时由下道工序的单位承担责任。

（3）专检：所有分项工程、隐检、预检项目，必须按程序，作为一道工序，邀请专检人员进行质量检验评定。

9. 混凝土、砂浆试块制作、养护、试压制度

（1）混凝土、砂浆试块各项目部必须指定专人制作、养护、试压。

（2）试块的尺寸、数量、制作方法、养护、强度计算必须严格执行工程质量施工与验收规范的规定。

（3）制作试块所用材料，必须与施工所用材料一致，不得加料、补做，并在监理（建设）单位见证人的监督下制作实施。

（4）如果试块强度没有达到设计强度，应立即报告公司技术部门、监理（建设）单位和设计单位，共同分析原因，商讨补强措施，并做好记录。

（5）在工程施工期间，混凝土、砂浆试块报告单由工地资料员保管，竣工后和其他技术资料汇总成册。

10. 分项、分部（子分部）工程验收评定制度

（1）施工过程中必须对分项工程进行质量验收评定，由项目技术负责人会同质检员、班组长参加验收评定，并做好记录、签字。不合格者应予以返工。

（2）分部工程完工由项目技术负责人会同施工员、质检员进行分部工程验收，检查分项工程验收资料，根据资料给予评定后报监理（建设）单位验收评定。

（3）基础工程、主体结构工程（可分层段）经项目部（分公司）验收评定，并经公司质量科验收签章后，报监理（建设）单位验收评定。

（4）单位（子单位）工程达到竣工标准后，由项目部（分公司）将全套工程技术文件上报公司质量科审核，核定工程质量自评等级，经公司总经理、总工程师审定并签章后报监理（建设）单位核查。

11. 工程质量样板引路制度

施工操作要注重工序优化、工艺改进和工序标准化操作，通过不断探索，积累必要的管理和操作经验，提高工序的操作水平。确保操作质量，每个分项工程或工种（特别是量大面广的分项工程）都要在开始大面积操作前做出示范样板，包括样板墙、样板间、样板件等，统一操作要求，明确质量目标。

12. 成品保护制度

为保证建筑产品的完整性和完美性，确保工程质量达到预期的目标，特制定以下制度：

（1）项目质量安全部及材料部共同与班组签订成品保护责任制，由班组把责任落实分解到每一作业岗位。同时，加强员工的成品保护教育，提高素质。

（2）施工班组对前一班组作业完成的成品有责任进行保护。后作业班组不得对前施工班组完成的成品造成污染或损坏。

（3）对进场的设备、半成品等应指定位置堆放，并有专人负责保护，避免在施工安装前损坏或缺少零部件。

13. 工程质量回访保修制度

（1）提交工程竣工报告时，向建设单位出具"建筑工程质量保修书"。

（2）在合理使用期限内正常使用的情况下，根据"建筑工程质量保修书"约定的质量保修范围、保修期限和保修责任，由公司质量科派员进行质量回访，及时反馈业主的质量投诉。

（3）因施工原因造成的工程质量问题，公司将严格履行保修义务，并对造成的经济损失承担赔偿责任。

1.4.2 安排项目管理人员学习公司制度

作为一个项目管理团队，落实公司制度的前提就是学习、消化，同时，学习公司制度还可以起到培训新人的目的。在上述制度里面尤其应该充分掌握的是公司技术管理制度、招采合约制度。技术管理制度的执行效果决定了项目执行效果、工程质量。这里需要注意一个问题，招采合约由策划到签订合同，材料、队伍进场，每个公司的流程、时间不一定相同，这个问题项目经理一定要注意，如果因为不了解公司招采流程，导致队伍、材料延迟进场，会给项目的运行带来极大的问题。在项目前期因为招采原因造成的工期损失，到后期很难赶上，即使赶上，也需要增加很多不必要的成本。

1.4.3 每项制度确定执行责任人，在过程中监督检查

公司的每项制度，如果不确定执行的责任人就一定执行不下去，所以，每项制度必须有具体的负责人，同时确定检查层级和检查人，哪些是总工检查的，哪些是生产经理检查的，哪些是安全负责人检查的，哪些是项目经理亲自检查的，如图 1-15 所示。

图 1-15 相关负责人现场检查

图 1-15　相关负责人现场检查（续）

1.4.4　制度变厚为薄技巧

作为公司制度，写在纸面上的内容是很多的，这些内容如果全盘传达，人脑是无法记忆的，效果也不好，在实际操作中要把制度浓缩以后再不断学习（最后变成一张纸、一张表格），宣贯，把多变少，把厚变薄，才更有利于记忆、执行、落实。

案例 1-13：

某建筑工程项目，公司和甲方下达了项目安全管理细则和安全培训手册，需要项目全体员工学习、掌握。但是项目中各种文化水平、年龄、性别的人都有，让每个人回家自学关于安全的各种文字资料显然不现实。针对这个矛盾，项目经理编制了安全行为宣贯单，简明扼要，重点突出，发给项目人员，在安全会议上宣读，定期考试，一段时间以后，项目人员的安全意识、安全知识得到了提升，取得了比较好的效果。

×××× 项目安全行为宣传单

安全宗旨：生命对我们只有一次，想想我们的父母，想想我们的兄弟姐妹，想想我们的孩子。保护自己，爱护生命，安全行为，从我做起。

什么是安全行为：

1. 高处作业系好安全带。

2. 戴好安全帽，系好帽带。

3. 远离钩机，远离塔式起重机。

4. 远离电线和其他有电的设备。

5. 上下通道时抓紧扶手。

6. 远离深坑。

7. 不随便扔石块等杂物。

8. 上下班坐三轮车慢开车，坐稳当。

什么地方不安全：

1. 高处（2m 以上就是高处）。

2. 用电设备，电线旁边。

3. 楼下面。

4. 钩机周围。

5. 塔式起重机下面。

6. 基坑底部。

7. 其他工种施工场地。

×××公司，×××项目部宣

1.4.5　让抽查成为常态，用好职能部门的检查制度

一个项目进场以后，公司职能部门会以各种方式对项目进行检查。对项目经理来说一定要用好公司的检查，变消极迎检为主动迎检。制度的执行只有条文、只有负责人，是远远不够的，执行的效果需要检查，需要纠偏，多一个层次的检查，就多一个视角的检视，多一个把关者。而检查之后的整改是纠偏和完善制度的最好手段。

公司的有些制度在项目上执行有困难，或者落实不下去，这个时候就需要项目经理进行深度调研，对问题进行分析，找到问题的根源所在，然后采取有针对性的解决措施，如图1-16所示。

图1-16　现场检查调研

案例 1-14：

某化工厂建设项目，项目部本身有安全和质量检查制度，间隔周期为两周。同时，监理公司（建设单位）每周进行一次周检。在实际项目运作过程中，该建筑公司借鉴地产公司的《飞行检查》的管理方法，对该项目进行质量、安全管理的随机检查。检查时间不固定，检查部位随机选择，进场不通知项目人员，检查以后出检查报告，并进行评分，作为年终对项目进行考核的基础。针对这个情况，项目经理对该项目的现场管理人员和分包队伍进行了培训和宣传，贯彻了把每天的工作当成迎检的工作思路，确定了所有的质量和安全隐患及时发现，及时处理，小问题不过夜，大问题不过周，对公司的检查结果指定了专人负责整改。以上措施，很好地利用了公司的资源，对项目的管理起到了促进作用，获得了比较好的管理效果。

项目检查内容示例：

××××× 项目运作评估报告

（××××年××月）

简报编号：

检查单位：××××建设有限责任公司

编制：×××

编制日期：××××年××月××日

1 项目概况

1.1 项目基本信息

项目分期/标段名称				
项目档次				
评估日期				
报告编号				
评估单位				
评估委员会成员				
总包单位				
监理公司				
项目简介与施工进度	±0.000以上面积	±0.000以下面积	总面积	交付形式
项目交付或入伙情况				
问题整改闭合时间				

1.2 需要特别说明的事项

2 项目总体评估情况

2.1 受检单位综合评估得分

评估周期（每周）	受检单位/标段	施工阶段	实测实量得分(30%)	质量风险得分(50%)	安全文明得分(20%)	实验专项得分（倒扣分）	综合评估得分
上周评分							
本周得分							
备注							

2.2 项目存在主要问题

安全文明质量风险主要问题：

(1) 现场围挡封闭不严，有漏洞。

(2) 主楼12层电梯间围挡下面无挡板。

(3) 主楼钢筋施工时脚手架跟进不及时。

(4) 临时用电线路有破损。

(5) 三级箱没有接地线。

3 受检单位评估情况

3.1 测区抽选情况

地库：缺。

全部施工场地：缺。

全部施工区域安全文明：缺。

3.2 实测实量情况

检查项目	检查内容	分项合格率	分项工程合格率
主体	截面尺寸		具体数据见附表
	表面平整		
	垂直度		
	顶板水平度		
防水	卫生间、露台降板高度		具体数据见附表
	混凝土观感		
材料检查	PVC管材(给水和排水)管径		
	PVC管材(给水和排水)壁厚		
实测综合合格率			
质量风险合格率			

3.3 实测实量主要问题及改善建议

实测实量较好指标与较差指标如下表所示：

受检单位	较好指标	较差指标
	主体工程 截面尺寸 平整度 垂直度 材料检查	

3.4 质量风险情况

现场工完场清做得不好，施工面有垃圾、烟头，新开的施工项目带来了新的问题及不合格项。

有部分项目在整改计划之内，但还没有实施，整改以后的项目落实在下一周，闭合时间节点为每周四上午。

施工班组新进场的没有进行三级教育和安全交底，新来工人询问答题成绩普遍不好。

和质量通病类似的管理通病解决起来效果不好，比如烟头、帽带、安全意识问询等方面。

工地管理层对安全的管理意识还没有提上来，模板已经到二层，但保护没有跟上。

对难以控制的管理"癌症"，比如新工人进场教育培训、帽带、吸烟、安全意识掌握的改进办法不多。

总包管理班子对质量的管控缺乏重点和计划。发生了不该发生的低级质量问题（钢筋间距不够，人防拉钩设置不合格）。质量风险和安全文明主要问题及改善建议如下表所示：

序号	主要问题照片	问题分析及改善建议
1		问题描述：拆模后质量缺陷。 问题性质：质量风险。 改善建议：加强振捣工的培训和检查
2		问题描述：一闸多接。 问题性质：安全文明。 改善建议：降水分包是整个项目的管理短板
3		问题描述：拆模后蜂窝麻面。 问题性质：质量风险。 改善建议：注意施工过程的质量监控

续表

序号	主要问题照片	问题分析及改善建议
4		问题描述:灭火器随意挪动。 问题性质:安全用电。 改善建议:分包的消防责任看来没有落实到具体的人
5		问题描述:工人寝室电褥子违规。 问题性质:安全文明。 改善建议:必须整改,老问题
6		问题描述:悬挑工字钢设置不合格。 问题性质:安全文明。 改善建议:重大风险,必须整改
7		问题描述:G2 五点极差测量成绩低。 问题性质:质量风险。 改善建议:对发现的问题,作纠偏,制订整改措施
8		问题描述:降板阳角被破坏。 问题性质:质量风险。 改善建议:成品保护落实到了班组

1.4.6 公司制度现场落实举例

目视管理法

目视管理就是将企业的各种信息利用形象直观、色彩适宜的各种视觉感知信息展示在眼前，让人们一目了然，依托准确的信息来组织现场生产活动，达到提高劳动生产率目的的一种管理方式。

目视管理特点：

以视觉信号显示为基本手段，让大家都能看得见。以公开化为基本原则，尽可能地将管理者的要求和意图让大家都看得见，借以推动自主管理、自我控制。

目视管理的作用：

发现问题、显现问题、人人皆知、人人会用、反映水准。透明化、视觉化、标准化。

目视管理的内容：

（1）规章制度与工作标准的公开化。

（2）生产任务与完成情况的图表化。

（3）与定置管理相结合，实现视觉显示信息的标准化。

（4）生产作业控制手段的形象直观与使用方便化。

（5）物品的码放和运送的数量标准化。

（6）现场人员着装的统一化与实行挂牌制度。

（7）色彩的标准化管理。如图 1-17～图 1-22 所示。

图 1-17　区域责任制牌

图 1-18　区域指示标志

图 1-19　曝光牌

图 1-20 警示牌

图 1-21 材料存放整齐，符合要求

图 1-22 施工工具存放

1.5 如何带领项目管理人员提升自己？

对项目经理来说一个项目的管理人员是项目运营不可或缺的组成部分，项目只有项目经理，仅靠项目经理一个人的努力，项目不可能干好，如何带领管理人员提升自己，是项目经理需要考虑的项目管理的核心问题之一。

1.5.1 关注每个人的特点及特长，动态明确工作职责、目标及预期效果

每个人的教育背景、性格特点、擅长领域、工作状态都不同，俗话说没有不好的员

工，只有不好的领导，项目经理应该针对项目管理员的不同特点，给每个管理人员分配好相应的工作，才能更好地发挥管理人员的能力，促进项目的正常运行。

在项目运行过程中，随着项目的进展，会产生新的工作，这个新的工作有可能没有人负责。还有一些情况是，有些人的工作任务有交叉的部分，这个时候需要项目经理进行工作的重新分配和界定，以便明确新工作的负责人，工作有交叉时指定专人负责。如表 1-18 所示。

×××公司项目管理人员工作范围界定表（使用示范）　　　　表 1-18

姓名	职务	工作职责	具体工作分工	工作汇报人
张××	项目经理	负责项目的总体运行	—	公司副总经理
夏××	技术负责人	辅助项目技术管理	①组织编写施工方案。②制订施工计划。③对现场危大工程进行技术交底。④整理现场签证及工程量核算。⑤每月上报工程量并负责和甲方审计人员对接	项目经理
许××	施工员	项目施工相关事宜	①执行施工计划。②调配施工队伍。③管理力工班组。④管理电工班组。⑤联系商混站。⑥检查施工质量。⑦和甲方沟通施工问题	技术负责人
陈×××	资料员	项目资料相关事宜	①施工过程验收资料收集。②给甲方每日工作报告。③技术文件收发及保管。④办公室每天消毒、填写测温记录。⑤报销单据收集统计	技术负责人
李××	施工经理	—	根据实际情况，进行界定	项目经理
张××	商务经理	—	根据实际情况，进行界定	项目经理
齐××	质检员	—	根据实际情况，进行界定	技术负责人
刘××	材料员	—	根据实际情况，进行界定	技术负责人

1.5.2　关注管理人员的思想动态

项目经理应该把握项目管理人员的思想动态，因为思想波动与否影响到工作的态度和积极性，从而直接影响工作效果，要有手段掌握他们的思想动态。比如规定一个时间（一周或者一个月），项目经理必须和项目管理人员面对面交流、交谈，这样既能拉近两个人的关系，又可以及时对他们的思想进行引导。

案例 1-15： --

某建筑工程项目部，项目经理在工作中发现，负责施工的施工员张某，男性，30 岁左右，已婚。在工作中精力、体力明显跟不上项目的施工节奏，对工作产生了一定的影响。经过和该施工员的面对面交流，了解到，该员工刚结婚不久，有一个刚满月的孩子。由于项目工地离家比较远，每天自行驾车上下班，照顾家庭，导致体力、精力不够，影响了工作。经过交流，项目经理征询了他本人的意见，决定把他调回公司驻地，解决了上下班和照顾家庭的矛盾。同时，跟公司申请，调了一个没有结婚，年龄和工作经验相当的施工员，该施工员没有成家，自己意愿在工地居住，满足了项目需求，解决了员工的困难，对项目和个人都起到了积极的作用。

1.5.3 关注管理人员的工作状态

对于一个建筑工程项目来说，管理人员的工作状态关系到项目的运转是否顺畅，工作效率是否高效，所以，作为项目经理应该时刻关注管理人员的工作状态，掌握他们的工作质量、工作效率、责任心。针对出现的问题，进行分析，找出问题，给出改进建议。

案例 1-16：

某建筑工程项目，在运作过程中，项目经理发现有一个造价员在工作中经常完不成工作任务，工作成果经常有错误，影响了项目的工作。项目经理经过了解，以及和他本人深入交流，发现该员工尽管是造价专业毕业的，但是，其本人不喜欢造价工作，个人对数字不敏感，感觉工作有点力不从心。经过和该员工协商，征求本人意愿，把他的工作由造价改为现场施工管理，改变工作职能以后，该员工发挥了他性格开朗、沟通能力强的特点，把施工工作做得有声有色。

以上事例证明，项目经理及时关注管理人员的工作状态，并找到问题的源头，积极解决，对员工和项目都能起到非常积极的促进作用。

1.5.4 定期开展技术学习，组织技术座谈、技术培训会议

技术学习与培训现场如图 1-23 所示。

图 1-23 技术学习与培训

对于项目管理人员来说，只有现场的经验是远远不够的，很多的新技术、新工艺在不断更新，项目的新员工也需要有经验的技术骨干进行传帮带，促进个人技术和管理水平的提升。

案例 1-17：

某建设工程项目，施工内容是饲料加工厂，有办公楼、储运仓库、六层钢结构的主车间。接到工作任务以后，项目经理梳理参加项目的人员后发现，大部分员工对土建施工比较熟悉，对钢结构比较陌生，接触不多。针对这个情况，他采取了以下措施，加强对施工人员钢结构施工知识的培训：

新员工在进场前，到钢结构加工厂家学习，参观，掌握钢结构生产加工知识。

到公司其他有钢结构施工的项目进行参观学习，掌握钢结构安装知识。

安排项目技术负责人，每周召开钢结构施工、安装知识讲座，并安排讨论。

对现场安装过程中的重点、难点召开现场会议，学习探讨施工经验。

经过上面的安排，项目部没有接触过钢结构的施工人员对钢结构生产安装有了比较深刻的认识，自身的业务能力也得到了提升，圆满地完成了施工任务。

1.5.5 关注每位管理人员的技能提升，让每位员工看到希望，有奋斗目标

项目的管理人员在工作期间都有两种需要：一种是生存需要，就是在工作中拿到合理的收入；另外一种就是发展的需要，在工作中能力得到锻炼，职务、收入得到提升。如果项目经理关注到这个点，并帮助管理人员得到技能、职务、收入的提升，可以极大地调动管理人员的工作积极性，对项目的运行起到积极的促进作用。

案例 1-18：

某房屋建筑工程项目，工程造价 2 亿元，规模 10 万 m²，项目部人员的特点是老中青结合，就施工经验来说精通、熟悉、刚入门都有。针对这个情况，为了提高项目部的战斗力，提升项目部人员的业务水平，项目经理采取了以下措施：

从项目经理开始，每个管理岗位的人必须培养一个可以接替自己的人，目的是两个，一个目的是如果这个管理岗位的人升职或者离职，项目部的工作不会受到影响。另一个目的是，对于替补的人来说，业务水平可以得到有针对性的提升；从职业发展来说，随时有晋升的机会。

定期对管理岗位人员的培养成果进行评估，将学习成果好、工作能力强的人划入人才储备名单，为项目部内部或者公司内部人员工作岗位的晋升储备人才。

定期把储备人才的名单提供给公司人事部门，让公司人事部门掌握项目部人员的业务提升水平，为他们的晋升打下基础。

经过一段时间的运行，收到了良好的效果，从项目部来说，解决了人才储备的问题，对项目部人员来说，每个人都有上一级的管理人员进行业务帮助和辅导，对自己的业务能力起到了提升作用，同时也有了职务提升的希望，极大地提升了员工的积极性，提升了项目部的管理水平，收到了非常好的效果。

1.6 项目经理如何赢得各方认可？

现代项目中参建单位非常多，形成了复杂的项目组织，各单位有着不同的任务、目标和利益，他们都企图指导、干预项目实施过程。项目组织的利益冲突比企业内部各部门间的利益更为激烈和不可调和，而项目经理必须使各方面的关系协调一致、齐心协力地推动整个项目的顺利实施，才能赢得各方认可。

项目经理在工程施工的过程中起着重要作用，是施工项目实施过程中所有工作的总负责人，在工程建设过程中起着协调各方面关系、沟通技术、信息等方面的纽带作用，在工程施工的全过程中处于十分重要的地位。项目经理的职责和工作性质决定了他必须具有一定的个人素质，良好的知识结构，丰富的工程经验、协调和组织能力以及良好的判断力。实践证明，任何一种能力的欠缺都会给项目带来影响，甚至导致项目的失败。因此，项目经理在工程实施的过程中不仅要利用自己所掌握的专业知识灵活自如地处理发生的各种情况，还要在工程施工管理中处理好各种关系。

项目经理所领导的项目经理部是项目组织的领导核心。通常，项目经理不直接控制资源和具体工作，而是由项目经理部的职能人员具体实施控制，这就使得项目经理和职能人员之间以及各职能人员之间存在界面和协调。

1.6.1 项目内部人际关系的协调

1.6.1.1 项目经理部与企业管理层关系的协调

项目经理部与企业管理层关系的协调依靠严格执行"项目管理目标责任书"来达成。项目经理部受企业有关职能部、室的指导，既是上下级的行政关系，又是服务与服从、监督与执行的关系，即企业层次生产要素的调控体系要服务于项目层次生产要素的优化配置，同时项目生产要素的动态管理要服从于企业监管部门的宏观调控。企业要对项目管理全过程进行必要的监督调控，项目经理部要按照与企业签订的责任状，尽职尽责、全力以赴地抓好项目的具体实施。

📖 **案例 1-19：**

在某个大型住宅建设项目中，项目经理负责监督多个工程小组的进度和工作质量，同时也要与自己的领导和企业管理层进行协调。在建设过程中，由于该项目的规模和复杂性，项目经理需要协调各方面的资源，以确保项目能够按计划完成。

在项目进行到中期时，项目经理发现一些问题可能会影响项目进度和质量。首先，由于建筑材料供应链的问题，某些材料的交付时间已经延迟了。其次，由于在项目前期规划中，某些细节问题没有得到充分考虑，现在需要进行额外的工程设计和施工。最后，由于项目的规模太大，一些部门之间的协调也需要进行改进。

为了解决这些问题，项目经理与自己的领导和企业管理层进行了协调。首先，他向领导和管理层提出了这些问题，并说明了它们对项目进度和质量的影响。其次，他与领导和管理层一起制订了一份新的项目计划，重新规划了材料交付和工程设计方面的问题，并加强了部门之间的协调。最后，他确保所有部门都清楚了新的计划和目标，并监督和指导各个小组的工作。由于项目经理与自己的领导和企业管理层进行了协调，这个项目得到了重新规划和协调，问题得到了解决，项目进度和质量也得到了保证。这不仅提高了项目的成功率和客户的满意度，也为其他项目经理在面对类似问题时的管理提供了参照。

总的来说，这个案例表明了项目经理与自己的领导和企业管理层进行协调的重要性，以及如何在面对困难和问题时采取适当的措施来确保项目进度和完成质量。

1.6.1.2 项目经理部与材料供应商关系的协调

项目经理部与材料供应商应该依据供应合同，充分利用价格招标、竞争机制和供求机制搞好协作配合。项目经理部应在项目管理实施规划的指导下，认真做好材料需求计划，并认真调查市场，在确保材料质量和供应的前提下选择供应商。为保证双方的合作顺利，项目经理部应与材料供应商签订供应合同，并力争使得供应合同具体、明确。为了减少资源采购风险，提高资源利用效率，供应合同应就数量、规格、质量、时间和配套服务等事项进行明确。项目经理部应有效利用价格机制和竞争机制与材料供应商建立可靠的供求关系，确保材料质量和使用服务。

案例 1-20： --

在某个大型商业综合体建设项目中，项目经理需要监督多个工程小组的进度和工作质量，同时还需要与材料供应商进行协调。在建设过程中，项目经理发现由于材料供应商的问题，项目工程进度受到了很大的影响。具体来说，供应商延迟了一些关键材料的交付时间，这导致了工程进度的滞后。

为解决这个问题，项目经理与材料供应商进行了协调。首先，项目经理与供应商进行了沟通，说明了项目进度和质量对材料供应的要求。其次，项目经理和供应商一起制订了一个新的计划，包括材料交付时间表和相应的质量控制措施。最后，项目经理确保材料供应商能够按照计划交付材料，并监督材料的质量和使用情况。

通过项目经理和材料供应商的协调，这个项目成功解决了材料供应问题，保证了工程进度和高效完成。这不仅提高了项目的成功率和客户的满意度，也为其他项目经理在面对类似问题时的管理提供了参照。

总的来说，这个案例表明了项目经理与材料供应商进行协调的重要性，以及如何在面对困难和问题时采取适当的措施来确保项目进度和完成质量。

1.6.1.3 项目经理部与分包人关系的协调

项目经理部与分包人关系的协调应按分包合同执行，正确处理技术关系、经济关系，正确处理项目进度控制、质量控制、安全控制、成本控制、生产要素管理和现场管理中的协调关系。项目经理部还应对分包单位的工作进行监督和支持。项目经理部应加强与分包人的沟通，及时了解分包人的情况，发现问题及时处理，并以平等的合同双方的关系支持承包人的活动，同时加强监管力度，避免问题的复杂化和扩大化。

项目内部关系可以通过管理制度等来规范操作，比较容易理顺、协调。这里我们讨论施工现场与业主方、监理方、设计方的关系协调。

案例 1-21：

在某个高层建筑项目中，项目经理需要管理多个项目分包商，监督他们的工作进度和质量。在项目进展的过程中，项目经理发现有一个分包商的工作质量不符合要求，且交付进度滞后，这给整个项目进度和质量带来了一定的影响。

为解决这个问题，项目经理采取了多种措施与分包商进行协调。首先，项目经理与该分包商进行了详细的沟通，说明了项目的要求和标准，并要求该分包商在一定的时间内改进其工作质量。其次，项目经理与分包商一起制订了一个新的计划，包括分包商的工作内容和质量控制措施。最后，项目经理定期监督分包商的工作进展和工作质量，及时发现并解决问题。

通过项目经理和分包商的协调，这个项目成功解决了分包商工作质量和交付进度的问题，保证了工程的进度和质量。这不仅提高了项目的成功率和客户的满意度，也为其他项目经理在面对类似问题时的管理提供了参照。

总的来说，这个案例表明了项目经理与项目分包商进行协调的重要性，以及如何在面对困难和问题时采取适当的措施来确保项目进度和完成质量。

1.6.2 项目外部公共关系的协调

项目经理在项目执行过程中，对外部公共关系的协调主要有以下几方面：

（1）与相关政府部门沟通协调。项目经理需要与相关政府部门（规划局，环保局，住房城乡建设局等）进行密切沟通，了解政策和手续要求，避免因为政策或者手续上的错误或不符要求而引起项目延误或停工。

（2）与项目周边居民沟通。特别是在城市建设项目中，项目经理需要与项目周边居民进行充分沟通，消除他们的疑虑和不满，避免因为周边居民的抗议或者阻挠而影响项目进度。

（3）与项目相关的利益相关方沟通。项目经理需要与项目的所有利益相关方（业主、施工方、监理方、材料和设备供应商等）进行良好沟通，调解各方面的矛盾，组织各方协作，确保项目按时顺利完成。

（4）与媒体沟通。大型或者很敏感的项目，经常会引起媒体的关注，项目经理需要与媒体进行透明的沟通，提供正确的项目信息，消除外界的疑虑，争取社会和媒体的支持和理解，如图 1-24 所示。

图 1-24　与媒体沟通

1.6.2.1　项目经理与业主之间的协调

在建筑工程项目执行过程中，项目经理协调和业主关系的措施如下（图1-25）：

图1-25　与业主协调沟通

（1）建立沟通机制：建立定期沟通的机制，以确保项目经理和业主之间的信息流通顺畅。

（2）明确需求：与业主进行沟通，明确项目的需求，以确保项目的顺利进行。

（3）共同制订计划：与业主共同制订项目的计划，以确保项目的顺利进行。

（4）及时解决问题：及时解决项目中出现的问题，以确保项目的顺利进行。

（5）公开透明：保持透明和公开的沟通，以确保项目经理和业主之间的信任度。

1.6.2.2　项目经理与监理机构关系的协调

在建筑工程项目执行过程中，项目经理与监理机构协调关系的方法如下：

（1）建立沟通机制：建立定期沟通的机制，以确保项目经理和监理机构之间的信息流通顺畅（图1-26）。

图1-26　与监理机构信息沟通

（2）共同制订计划：与监理机构共同制订项目的计划，以确保项目按计划有序进行。

（3）明确职责：明确项目经理和监理机构的职责，以确保项目的顺利进行。

（4）保持协调：保持项目经理和监理机构的协调，以确保项目管理者之间沟通顺畅。

（5）及时解决问题：及时解决项目中出现的问题，以确保项目按时推进。

（6）公开透明：保持透明和公开的沟通，以确保项目经理和监理机构之间的信任度。

（7）共同解决问题：在项目中遇到问题时，项目经理和监理机构应该共同解决问题，以确保项目的顺利进行。

（8）遵循法律法规：遵循相关的法律法规，以确保项目的合法性。

（9）尊重彼此：尊重项目经理和监理机构的工作，以确保项目的顺利进行。

（10）维护项目利益：始终维护项目的利益，以确保项目的顺利进行。

1.6.2.3　项目经理与设计单位关系的协调

项目经理应在设计交底、图纸会审、设计洽商与变更、地基处理、隐蔽工程验收和交工验收等环节与设计单位密切配合，同时应接受业主和监理工程师对双方的协调。项目经理应注重与设计单位的沟通，对设计中存在的问题应主动与设计单位磋商，积极支持设计单位的工作，同时也争取设计单位的支持。项目经理在设计交底和图纸会审工作中应与设计单位进行深层次交流，准确把握设计，对设计与施工不吻合或设计中的隐含问题应及时予以澄清和落实；对于一些争议性问题，应利用业主与监理工程师的职能，避免发生正面冲突。

案例 1-22：

经过调查发现，设计单位在施工图中给出的钢梁长度不够准确，存在误差。

项目经理立即与设计单位进行了沟通，说明了现场遇到的问题，并要求设计单位及时更正施工图中的钢梁加工长度。设计单位也表示非常重视，立即组织专业人员前往工地，与现场施工人员一同测量调整，确保加工长度准确无误。经过协调解决，钢梁加工长度得到了及时调整和纠正，现场施工顺利进行。

在此次事件中，项目经理通过与设计单位的有效沟通和协调，及时解决了现场出现的问题，保证了工程质量和进度。同时，项目经理的及时发现和处理问题的能力，也为其他项目经理提供了宝贵的经验和启示，可以在未来的工程管理中更加灵活、高效地处理各种问题。

1.6.2.4　项目经理与其他单位关系的协调

项目经理与其他单位应通过加强计划性和通过业主或监理工程进行协调。

具体内容包括：

（1）要求作业队伍到建设行政主管部门办理分包队伍施工许可证，到劳动管理部门办理劳务人员就业证。

（2）办理企业安全资格许可证、安全施工许可证、项目经理安全生产资格证等手续。

（3）办理施工现场消防安全资格认可证，到交通管理部门办理通行证。

（4）到当地户籍部门办理劳务人员暂住手续。

（5）到当地城市管理部门办理临建审批手续。

（6）到当地政府质量监督管理部门办理建设工程质量监督手续。

（7）到市容监察部门审批运输不遗撒、污水不外流、垃圾清运、场容与场貌等的保证措施方案和通行路线图。

（8）配合环保部门做好施工现场的噪声检测工作。

（9）因建设需要砍伐树木时必须提出申请，报市园林主管部门审批。

（10）大型项目施工或者在文物较密集地进行施工时，项目经理应事先与市文物部门联系，在施工范围内有可能埋藏文物的地方进行文物调查或者勘察工作，若发现文物，应共同商定处理办法。

（11）持建设项目批准文件、地形图、建筑总平面图、用电量资料等到城市供电管理部门办理施工用电报装手续。

（12）自来水供水方案经城市规划管理部门审查通过后，应在自来水管理部门办理报装手续，并委托其进行相关的施工图设计，同时应准备建设用地许可证、地形图、总平面图、基础平面图、施工许可证、供水方案批准文件等资料。

项目经理与远外层关系的协调应在严格守法、遵守公共道德的前提下，充分利用中介组织和社会管理机构的力量。远外层关系的协调应以公共原则为主，在确保自己工作合法性的基础上，公平、公正地处理工作关系，提高工作效率。

综上所述，在项目施工进程中怎样处理好与各方的关系，没有固定的规律可循，完成一个成功的项目，除了能承担基本职责外，项目经理还应具备一系列技能：

他们应当懂得如何激励员工的士气，如何取得业主的信任；同时，他们还应具有坚强的领导能力、培养员工的能力、良好的沟通能力和人际交往能力，以及处理和解决问题的能力。工程项目管理中协调工作涉及方面多而且琐碎，突出了各专业协调对项目顺利实施的重要性，项目经理要加强这方面的管理，同时做好每一部分工作，才有可能把问题隐患消灭在萌芽状态，保证圆满完成工程项目目标。

1.7　项目经理的职业规划应该怎么做？

一个建筑工程管理人员，从普通的管理人员到项目经理是职业生涯中一个比较重要的台阶，如何快速升任项目经理需要有清晰的规划，要有脚踏实地的行动。那么，如何才能快速升任项目经理呢？

1.7.1　看懂图纸，熟悉图集、规范，能审核方案

从根本上来说，建筑工程的管理属于技术管理的范畴，项目施工一定是依托于施工技术，所以项目经理必须能看懂图纸，能审核方案，能对施工方案进行技术、经济对比，如图 1-27 所示。

1.7.2　不骄不躁，认真学习，虚心求教，课余考证，提升自己

在项目施工过程中，难免会有自己不会、不懂的东西，这个时候就要虚心请教，认真学习，一定要消灭知识盲点。同时，业余一定要考取一建执业证书，从建筑行业的发展前

图 1-27　图纸研讨

景来说，一定要人证合一。这个门槛一定要越过。

1.7.3　做好计划，写好日志

一个项目管理的好坏，说穿了就是计划制订得怎么样，计划执行得怎么样。坚持做好计划，写好日志，可以使得在施工过程中按部就班、有的放矢，在施工完成后进行总结、纠偏，提升自己的工作水平。如图 1-28 所示。

1.7.4　组织施工，协调到位

建筑工地的施工特点是多工种、多专业，难免交叉、穿插进行。在土建施工的时候应该注意和水电、安装等专业的协调，安排工作要有提前性、预计性，科学合理地安排施工顺序，同时，也能体现项目经理的协调能力，这个一定是需要各位项目经理注意的，如图 1-29 所示。

图 1-28　施工日志

图 1-29　与水电安装等专业的协调

1.7.5　多开例会，调整工作，做好会议纪要

项目例会是了解各工种施工状态，找到工作不足，有针对性改进的重要手段。当然，

开会要有一定的规范，忌讳开长会，最好的会议时间是半个小时左右。

每日例会组织的要点：

（1）项目经理主导节奏，避免众人七嘴八舌。

（2）要有白天工作落实情况总结。

（3）所有人把自己认为不能管、不该管、没人管的事情上报，由项目经理重新安排。

开会前参与者应提出计划中没有完成的事项，找出没有完成的原因；提出明天的工作计划，及需要人、材、机支持的情况；提出冲突事件，由项目经理仲裁。

1.7.6　要有大局观念，统筹兼顾，保持距离，尊重别人

项目经理是项目的总负责人和总协调人，工作任务繁多，从施工队伍、材料进场、机械设备进出场，到与建设单位、监理单位、质监部门、安监部门协调。所以，不能只从一个方面安排工作，而是要考虑到其他所有的方面，从项目的总体、全局看问题。

2

招标投标阶段项目
经理工作重难点

2.1 参与投标工作

2.1.1 工程建设项目招标投标对项目经理的要求

（1）在招标文件中明确提出到岗的要求。根据工程项目管理规定，项目经理只能负责一个在建项目，并要进行网上注册备案。对项目管理技术负责人、安全员、施工员、质检员，在招标文件中提出必须到岗。只有投标人履行相应承诺，其投标文件才有效。

（2）根据招标投标文件签订合同，在合同中明确提出人员到岗的规定，并对投标文件中提供的人员信息进行核实登记。

（3）加强施工期间人员签到管理，必须确保投标文件所列五大员到岗，若有变更，应经监理、建设单位同意后方可变更。

（4）把好款项支付关，根据合同约定，如果五大员到岗不符合要求，拒绝办理工程支付，这是最厉害的招数。

2.1.2 工程投标时项目经理做什么?

1）完善投标管理体系，规范投标文件。

（1）编制建立投标管理制度。

（2）阶段性对投标管理制度进行修改与完善。

（3）投标后对项目进行综合全面分析。

2）健全投标档案库。

（1）了解各地区定额及有关投标文件的分析对比，建立相应资料库。

（2）搜集竞争对手投标数据，进行整理分析。

（3）对投标项目进行归类，总结基础数据。

3）项目投标前期工作准备，分析投标文件，编制项目投标任务书。

（1）分析招标文件。

（2）编制投标任务书。

（3）与甲方就投标中的疑问进行沟通与协调。

（4）组织参与现场答疑。

4）组织材料询价，编制投标成本及报价。

5）参与项目谈判，组织投标文件的议标调整。

6）总结投标经验，规范投标文件及其他相关资料的建档保管工作。

7）组织及指导项目成本计划书的编制，对成本计划进行初审。

2.2　参与合同文件编写工作

2.2.1　总体思路

公司与建设单位签订的合同，最终要由项目经理来执行完成，有些涉及现场的问题只有项目经理最清楚如何解决、怎么操作，所以，由项目经理参与编写合同文件，有利于项目最终落实，使项目的目标得以实现。

2.2.2　编写方法

梳理设计图纸、工程量清单，整理出施工要点，从项目角度梳理出合同签订的底线清单和红线清单，为下一步合同谈判提供依据，如表 2-1、表 2-2 所示。

合同底线清单举例　　　　　　　　　　　　　　　　　　表 2-1

分类	序号	底线清单事项
投标与合同	1	预期收益率低于成本底线
	2	对外提供现金担保超过合同额 10%，且超过 3000 万元的
	3	月度付款比例低于 65% 或节点付款低于当期完成量的 70%，或为节点付款，支付时间间距超过 3 个月的（工期大于 3 个月，且合同额大于 3000 万元的项目适用）
	4	垫资峰值高于合同额 15% 且超过 1 亿元（含），持续时间超过 3 个月
	5	使用商票、保理、抵房等非现金形式支付合计占比超过 30%，或使用一年期以上的商票，有追索权保理付款
	6	施工完成量审核周期超过一个月的
	7	放弃优先受偿权的
资金管理-承兑汇票	8	各单位以商业承兑汇票作为结算方式收取款项的，应履行本单位"三重一大"决策程序，并在相关合同或协议中载明。总承包公司《资金管理实施细则》要求司属各单位承接项目，招标投标文件约定以商票等非货币付款结算方式支付，不得超出合同总价的 30%，并履行各单位"三重一大"决策程序后报公司审批。合同履约过程中，业主变更合同结算支付方式，由原来的货币付款变为商票等付款形式，不得超出合同总价的 30%，并履行各单位"三重一大"决策程序报公司审批。对于单笔收取金额超过本单位净资产 5% 或 500 万元的，应报送公司审批后再报局审批
	9	如下情况原则上不得收取：一年期商票；存在区域限制、转让限制的商票；其他单位（不含中建系统内单位）背书转让的商票；承兑有附加条件的商票，如收取前述禁止事项的商票，需对方提供我方认可的第三方担保承诺或其他担保措施，各单位履行"三重一大"决策后报公司审批

合同红线清单举例 表 2-2

业务板块	序号	限制要求
一、投标项目底线管理"368"标准	1	限制土建工程造价低于 3 亿元(土建分部分项工程如土方、桩基、基坑支护、地下室等不受此限制),专业工程造价低于 2000 万元的项目承接
	2	限制投标毛利率(含税)低于 6％的项目承接
	3	限制按月进度支付工程款比例低于 80％,按工程形象进度支付比例低于 80％或节点支付超过两个月的项目承接
二、"三重一大"决策事项	4	限制在合同中有抵房、商票、表内外融资等非货币付款条款的项目承接;在合同签订前已约定的垫资事项,经投标测算垫资金额超过 1000 万元的项目承接
三、其他事项	5	竣工交付时工程款支付额度低于 85％(合同额大于 3000 万元的项目适用)
	6	工期延误处罚高于合同额万分之四/日或高于 5 万元/日
	7	工期延误处罚超过合同额的 5％或无上限
	8	存在无条件退场的条款
	9	两个及以上法人单位或变更法人
	10	尚未取得规划许可证或建设用地许可证
	11	放弃优先受偿权
	12	结算审核周期超过半年的
	13	固定总价风险较大
	14	中标合同实质性内容比实际执行合同条件差,发包人主张按照中标合同确定权利、义务
	15	固定总价合同报价漏项

注:"368"标准在以下情况可以适当放宽:①战略客户开发项目;②政府、国企、部队、高校、医院、保险等资信较好的客户开发项目;③重点投标项目前期分部分项工程;④新领域项目;⑤有助于完善和维护公司资质项目;⑥预付款比例较高项目。

2.3 梳理公司制度、标准、流程

2.3.1 梳理公司制度、标准、流程的意义

公司的制度、标准、流程是针对一个施工企业的经营理念、经营目标、经营习惯制定的,和中标项目所需要的管理模式不一定相同。所以,需要对制度、标准、流程进行梳理。

项目经理应该组织总工,带领技术人员在项目上开展公司制度、标准、流程的学习,一方面可以作为业务学习的一个方式,另一方面可以对新进项目的、施工经验不丰富的技术人员进行有针对性的辅导。把制度、标准、流程的学习变成业务学习,为以后的项目施工打下理论基础。

2.3.2 制度梳理的要点

一般来说,公司级别的制度设计比较全面,可以依据项目实际需要进行删减,或者

增加。

对项目经理来说，选择什么样的管理制度，关系到项目的管理风格、管理效率。有些制度执行起来比较烦琐，需要的管理人员比较多，比较难以在项目落实，对于这种制度，项目经理应该考虑执行的性价比，不能执行的项目就不要规定，规定以后不能落实，反而影响制度的严肃性，不利于项目管理。

2.3.3　标准的梳理

对照项目图纸和设计说明统一标准。把统一以后的标准变成项目的技术文件，在施工中贯彻。

在梳理标准的过程中要注意，尤其是安全文明施工标准，不同地区的政府要求有所不同，应该根据各地方的不同要求制定现场的安全文明施工标准，比如有些地区需要达到七个百分百（①施工现场全面封闭；②土地砂土全面覆盖；③工地路面全面硬化；④现场围挡百分百洒水降尘；⑤进出车辆百分百冲洗；⑥暂时不开发的场地百分百绿化；⑦物料堆放，施工垃圾、生活垃圾百分百清理），要针对具体要求来安排现场的安全文明标准。

同时，安全文明施工费用的占比是一定的，不是所有的安全文明措施在项目开工初期都必须完全设置，项目经理应根据情况有步骤、有计划地使用，争取达到成本投入的最佳效果。

2.3.4　分析项目大小和重点难点，制定适合本项目的管理流程

项目的大小不同，意味着项目施工时间长短、材料采购方式、人员配备都不尽相同，小项目如果照搬大项目的人员配置，一是不经济，增加成本，二是管理人员的增加也意味着管理环节的增加，会影响管理效率，也是一种浪费。

还有，一定要根据项目的性质制定相应的管理流程，比如同样是建筑项目，化工厂的施工特点和房地产的房建特点就有很多不同。所以，必须根据不同的项目特点，制定不同的管理流程。

3

项目开工准备阶段 项目经理工作重难点

3.1 安排总工组织学习招标文件及合同文件

3.1.1 学习招标文件及合同文件的意义

招标文件是甲方对工程任务的范围划定，合同是施工单位对甲方的承诺。项目管理的全部内容就是围绕着上面的两点展开，只有深刻理解上面的内容，才能在运作项目的过程中，面对可能发生的争议张弛有度，进退有力。

案例 3-1：

在一个化工厂建设合同当中，有一个施工单位承包土建工程，一个安装单位承包设备安装工程。在合同签订的时候，有可能图纸的设计深度不够，在施工的过程中发现有些工作的归属模糊，导致甲方将不是土建单位的工作强加给土建单位，而且该工作的利润点低，工作量不大，但是影响自己的工作安排。如果施工单位事前对合同的学习到位，就可以预见到这个矛盾，按照合同条款，对甲方的不合理要求进行拒绝。

3.1.2 合同文件组成及解释顺序

（1）施工合同协议书；

（2）中标通知书；

（3）投标书及其附件；

（4）施工合同专用条款；

（5）施工合同通过条款；

（6）标准、规范及有关技术文件；

（7）施工图纸；

（8）工程量清单；

（9）工程报价单或预算书；

（10）双方有关工程的洽商、变更等书面协议或其他文件。

3.1.3 解读合同内容及方法

解读施工合同文件的关键内容，制作工作任务清单，为后续的项目管理人员安排、施工工人数量安排、专业安排、设备投入安排、材料进场安排、资金安排奠定基础。如表 3-1 所示。

×××饲料厂项目工作任务清单 表 3-1

目录	内容	备注
项目地点	辽宁省新民市	
施工工期	456d	
施工起始时间	2020 年 4 月 11 日—2021 年 7 月 15 日	当年 11 月份到次年 3 月份土建不能施工
项目占地面积	45000m²	
项目建筑面积	29000m²	
项目造价	6450 万元	
单体数量	9	
单体最低层数	1	
单体最高层数	6	
主车间土建主体完成时间	2021 年 5 月 5 日	综合楼装修可在 5 月 5 日以后继续施工，主车间必须交给安装单位
消防设施完成时间	——	2021 年 5 月 1 日
主车间南面钢结构部分	层数六层，高度 46.2m	钢结构加工和运输时间 15d

3.2 安排总工组织学习公司制度、标准、流程

3.2.1 学习公司制度的目的

项目开展初期总工组织项目部管理人员进行公司制度、标准、流程的学习，作为业务学习、新人培训的一个手段，可以达到一举两得的效果。

3.2.2 学习公司制度的前提

通过对工程管理现状、管理人员生存现状及技术管理现状的了解，找出项目需要增加或者减少的制度流程，是做好项目本身制度、标准、流程的前提。

3.2.3 公司关注点有哪些？如何做到公司满意？

（1）工程项目是一个公司运作的基本单元，也是企业利润来源的根本。所以，项目的经营效果、利润的达成，是企业对项目关注的第一个要点。

（2）人员培养是项目运作的目的之一，通过项目的施工运作，培养掌握施工能力的队伍，是公司关注的第二个要点。

（3）项目是展现公司施工水平、管理能力的重要窗口，通过项目的精益施工、精益管理，让客户认识到企业的价值，这是公司关注的第三个要点。

（4）一个项目如果在施工、管理、甲乙方关系上处理得好，会直接给企业带来营销方面的价值，有可能带来后续的工程订单。

3.3 组建项目团队

3.3.1 根据公司制度按照项目规模配人

一般来说，公司会根据项目大小、合同金额、施工难度给项目部配备管理人员，对于项目经理来说，要掌握项目部的人员规模，管理人员数量不是越多越好，因为有的时候人多不一定会带来效率的提升，还有一个原因是管理人员的数量和施工成本紧密联系，最理想的状态是人员精干、战斗力强、人员成本低。最好的人员安排模式是根据施工的进展，分期分批进场。

3.3.2 第一梯队需要配齐的人员

项目的先期策划、准备，不需要项目所有人都进场，但这个阶段需要干的工作也很多，比如进场资料的准备上报，各方参建单位人员的对接，目标成本、责任成本的确定，都需要项目管理的核心人员就是项目技术负责人、商务经理先期进场，马上开展工作，为后期人员的逐步进场进行准备。

3.3.3 若公司没有人员可以调配，应立即开展招聘工作

有些时候公司的管理人员不一定在公司等着项目开展，也可能会有管理人员不足的情况发生，这种情况下公司应该马上开展招聘工作，以免耽误项目进程。

3.3.4 不合格管理人员的调配

工程项目是一个整体，由不同的个体组成，人和人之间需要分工合作，有些管理人员的能力、体力不适应项目的工作，或者某个人和项目其他人员有明显的不合群、不适应团队的情况，这个时候项目经理一定要当机立断，进行人员的调配，立即调走不合格人员，马上补充新的适合项目的人员进场。

3.3.5 管理项目团队，项目经理应该拥有的权利

一个项目经理在项目上不仅要带领大家完成施工任务，把项目干完，同时还要有对项目管理人员的分派权、日常工作安排权、绩效评价权、晋升权，没有这些权利，项目经理就没有权威，就无法对项目管理人员起到管理作用。所以，一定要跟公司争取，取得上面的这些权利。

3.4 安排总工组织资料上报工作

3.4.1 项目开工前需要上报的资料内容

（1）施工企业资质证书、营业执照及注册号。

（2）国有企业等级证书、信用等级证书。

（3）施工企业安全生产许可证。

（4）企业法人代码书。

（5）质量体系认证书。

（6）施工单位的实验室资质证书。

（7）工程中标书、工程中标价明细表。

（8）工程项目经理及管理人员资格证书、上岗证（上述资料均为复印件，加盖公司公章）。

（9）建设工程特殊工种人员上岗证审查表及上岗证复印件。

（10）建设单位提供的水准点和坐标点复核记录。

（11）施工组织设计报审与审批表，施工组织设计方案。

（12）施工现场质量、安全管理体系及管理方案。

（13）建设工程开工报告。

3.4.2 开工前上报资料要点

项目开工前走访管理单位（建设单位、监理单位、城建档案管理单位），确定上报资料的名称、份数、以免花费时间、精力制作的资料不合格，造成时间和经济的损失。

3.5 组织项目团队编制合约规划

3.5.1 编制合约规划的总体思路

根据项目合同、施工图纸，确定项目需要的材料品种、规格、数量，设备的型号、数量、使用时间，分包工程的项目、工作量。

项目的合约签订和项目施工内容有直接的关系，所有的合约都是围绕着合同、施工任务来的，这个工作是合约签订的基础。在梳理施工合同、施工图纸的过程中，最忌讳落项，在施工的过程中发现会影响施工进程，这个损失是极其不应该发生的。

3.5.2 编制合约规划的具体方法

根据以往公司签订的合约和市场情况摸底，确定合约签订的底线。

合约的签订应该掌握动态平衡，不同的开工时间、不同的施工地点，项目施工资源的价格都会有所不同。所以，一个项目要进行施工市场的情况摸底，广泛收集信息，掌握大量的信息以后确定合约底线，这个其实就是控制成本的第一步。

案例 3-2：

1. 合约规划管理知识

1）合约规划是指项目目标成本确定后，对项目全生命周期内所发生的所有合同大类、金额进行预估，是实现成本控制的基础。合约规划也可以理解为以预估合同的方式对目标成本的分级，将目标成本控制科目上的金额分解为具体的合同（合约规划是指将目标成本按照"自上而下、逐级分解"的方式分解为合同大类，进而指导从招标投标到最终工程结算整个过程的合同签订及变更的一种管控手段。"合约规划"将成本控制任务具体转化为对合同的严格管控，实现了对"项目动态成本"的有效管控）。

2）对目标成本进行合约分解的方法多为基于"量价分离原则"和"经验值"，同时结合项目情况和投资收益指标，制订项目各控制费项可能发生的合约及预计金额，并推演出每一个合约付款条件，分解为合约的付款计划，进而形成项目的整体资金规划。

3）合约规划余量指在作合约规划时，肯定有部分费用不明确，用规划余量来标明暂时不能明确的费项，并作为费项的"蓄水池"，随着实际签订合同的变化而变化。规划余量的总额反映了目标成本控制的松紧度。针对规划余量设定每一个费项的预警、强控范围，便可作为后续项目成本控制的基础。

4）合约规划如何指导合同的签订和执行？

（1）合同签订环节。

签订合同时，由专业部门根据项目实际情况拟定合同，明确合同金额、付款时间、付款方式，进而形成项目成本支付计划。同时，将合同付款与项目计划中的工作项或工作成果进行绑定，保证合同付款不会与实际工程的完工情况不符，避免合同款项超付的问题。

在合同签订审批环节，必须对照合约规划，并考察每项规划余量，通过预警、强控指标进行对应管控，且不允许重复被其他合同选择，这样可以防止重复计算已发生成本，解决已发生成本虚高的问题。

合同签约审批时会存在两种情况：

① 合同金额需经办部门针对金额差距阐述原因，并对差距金额后续使用方式作出判断：合同费用节约，相应金额进入费项规划余量，可调配给同费项其余合同，并出具费用节约单；合同范围变更，后续仍需签订额外合同，则相应金额编制为另一个合约规划；合同金额压缩和风险规避，后续合同会产生相应变更，则需要为合同编制预计变更。

② 合同金额＞规划金额。

同样需经办部门阐述金额差距原因，并对缺口金额寻找解决方案：如果是合同范围变更，就调整相关的合约规划金额，补充为本合约规划金额；如果是原先预算不足或外部环境变化导致的合同成本增加，需查找规划余量，并从规划余量中划拨金额作为补充，同时出具项目成本超支单。

（2）合同执行环节。

在合同执行环节，当进行变更申报时，需要预审变更金额（设计变更、现场签证），并与签订环节中的预计变更对应，确保变更在可控范围内，超出部分金额由规划余量划出。

当变更实施完成后进入施工确认阶段，核定是否完成、实际完成的工程量，将变更金额纳入项目成本。

最后，分析变更产生的原因及变更导致的成本分布，即进行有效成本与无效成本的情况分析。

（3）合同付款环节。

首先，根据工程形象进度，对"已完工"部分的工程量进行审定，反映工程的实际完工"产值"，并作为制定付款申请的重要依据；其次，梳理代扣代付和其他扣款，为款项支付提供依据；再次，根据合同付款条件及实际完工产值，修订付款计划，形成项目级付款计划；最后在付款计划范围内完成付款申请，并完成款项支付。

5）合约规划的优化及调整。

针对尚未签订的合同，由于实际业务的变化，可能导致项目合同未必按照原先规划的思路进行签订，那么项目成本经理需要定期对合约规划进行调整。此时工作情况主要有两种：

（1）将原先打包的大类合约规划分解为更明晰的合约规划。

（2）由于项目实际情况发生变化，合约后续的范围将发生交叉，需要将多个合约规划进行调整，重新明确每一个规划的金额及发生时间。

6）合约规划理论模型下的成本管理，具备三大优点：①关注成本的重点发生变化，从原来关注成本核算点转变为关注会引起成本变化的每个业务节点，如合同、变更、结算、付款等，真正做到对引起成本变化的业务流程进行实时把控；②管理层下达成本管理指标变得更加科学、容易、符合实际，一线业务口的工作标准化程度提高，工作量减少，操作简单，反馈意见直接明晰，各个业务口都能以"合同—合约规划"产生的信息流和管理流进行运作和管控，让成本管控措施有效落地；③可以有效实现对各项目成本的事前和过程控制，项目动态成本实时反映，动态、清楚、一目了然。

7）基于合约规划的三代动态成本过程控制。

（1）第一代的特点：以财务部门为成本主导，作实付款的成本核算。

（2）第二代的特点：以"财务部门＋成本部门"为主导，聚焦合同管理，成本发生后通过拆分来核算成本。

（3）第三代的特点：以"成本部门＋财务部门"为主导，基于"目标成本＋合约规划"管控动态成本，兼顾成本控制、成本核算、成本做账、资金计划管理。

8）合约规划对成本管理带来的价值：

（1）通过"合约规划"保障以目标成本来控制成本发生。

（2）打通"成本与计划联动"，实现动态现金流管理的基础。

（3）实现成本的分级管控。

（4）责任成本真正落地，变"指标考核"为"合约（合同）考核"。

（5）支撑合同标准化、采招标准化。

（6）解决成本控制人员有权不敢用的问题。

（7）提高成本管理人员的工作效率和工作效果。

9）影响合约关系和合约范围的因素：

（1）政府或垄断部门的规定或市场习惯。

（2）业主方项目管理的特点、项目本身的特点。

（3）对成本的要求。

（4）对品质的要求。

（5）对责任和效率的要求。

（6）设计图纸和技术要求。

（7）工程进度。

（8）公司所面临的市场情况和市场地位。

（9）承包商的条件和心态。

10）合约规划模板填写注意事项说明：

（1）目标成本：同成本管理体系定义的目标成本。

（2）合约规划金额：合约规划总额应同目标成本总额相同。

（3）已签约金额：①编制目标成本时，指已经签订合同金额。②项目开发过程中，指各合同累计签约金额，各公司相关部门发生合同事项时应及时送交合约规划编制部门，以便及时进行合同信息更新，掌控项目合约整体规划情况。

（4）结算金额：合同结算完毕应及时填写结算金额。

（5）规划余量：①未结算合同：余量＝规划金额—已签约金额。②结算合同：余量＝规划金额—结算金额。

（6）合同工程范围、内容、界限划分等尽可能清晰、准确地描述。

（7）发包方式：按总包、分包、政府指定、其他四种分类填写。

（8）签约方式：按邀请招标、议标、询价、直接委托四种分类填写。

（9）定标原则：应按照成本管理体系规定，选择合适的定标原则。

（10）合同形式：按固定总价、可调总价、固定单价、可调单价、其他等分类填写。

（11）付款方式：尽量填写详细付款节点、时间及比例。

2. 合约合同案例

屋面落水管工程分包合约

某钢D区8、9号住宅楼雨水管安装工程分包合约

甲方：某集团有限公司直属十二分公司

乙方：×××

根据《中华人民共和国经济合同法》和《建筑安装工程承包合同条例》有关规定，结合本工程实际情况，经甲乙双方协商一致，为明确双方职责，订立以下条款共同监督执行。

一、工程概况：

1. 工程名称：某钢D区8、9号住宅楼。

2. 业主：某某钢铁有限公司。

二、承包范围：

安拆吊绳、PVC落水管安装、每层处安装铁制管卡、安装塑料管卡。

三、承包方式：

包工不包料。

四、结算综合单价：

PVC雨水管安装综合单价：10元/m。

五、工作内容：安拆吊绳、打眼、安装落水管、每层处打铁制管卡、安装塑料管卡。

六、付款方式：

乙方垫付生活费用及工人日常开支，每月25日根据所完成工程量支付70％进度款。工程完成，经验收合格后及时开具结算单，持结算单到公司结算，扣除1％的人身保险、扣留5％的质保金，余款待年底根据甲方资金情况支付；质保金待质保期完后付清。

七、质量及验收：

经甲乙双方协商一致本工程必须达到合格标准，否则必须返工，因此造成的一切损失均由乙方承担。

八、双方的责任：

1. 甲方的责任：

(1) 甲方应提供乙方临时住宿场地和必要的生活条件。

(2) 甲方负责向乙方进行现场技术、安全施工等方面的交底工作。

2. 乙方的责任：

(1) 乙方必须按有关施工图纸及施工管理工程师指示组织施工，无条件服从甲方在进度、质量、安全、治安等方面的现场管理，坚持文明施工。

(2) 乙方必须按甲方要求在雨水管接头处安装角铁管卡，每3.9m雨水管安装3个管卡。

(3) 坚持质量第一的原则，无条件接受业主、甲方的监督检查，若因乙方原因造成事故，其责任和损失均由乙方承担。

(4) 未经甲方同意不得将工程转包，如中途退场，按总价的50％结算。

(5) 由甲方提供的工具乙方应妥善保管，若有丢失、损坏均由乙方赔偿。

(6) 乙方在施工过程中应搭设安全设施，保证工人能够安全作业，如发生任何事故，其责任全部由乙方承担。

九、本合同未尽事宜，双方协商解决。

十、本合同一式四份，甲乙双方各执一份，报公司两份。

十一、本合同双方签字、盖章后生效，工程竣工，保修期满，余款付清后自行失效。

甲方：　　　　　　　　　　　乙方：

法人委托人：　　　　　　　　法人委托人：

电话：　　　　　　　　　　　电话：

签约地点：某钢高层D区项目部办公室

签约日期：2024 年　　月　　日

3.5.3　编制合约规划的时间

根据需要进场的先后顺序，确定合约签订的最后期限。

在项目开展的过程中，合约签订的节点是非常重要的时间参数，有些项目经理由于对招采的流程不太熟悉，对招采时间没有把握好，导致项目管理人员进场好久，到了开工时间，但还没有完成招采工作，导致人为的工期拖后，造成施工的被动局面，这个被动局面在施工的后期是要用成本来解决的，这个问题一定要注意。

3.6　确定临建方案和平面布置图

3.6.1　编制依据

临建和平面布置的位置依据建筑施工总平面图纸，水电施工总平面图纸，如图 3-1 所示。

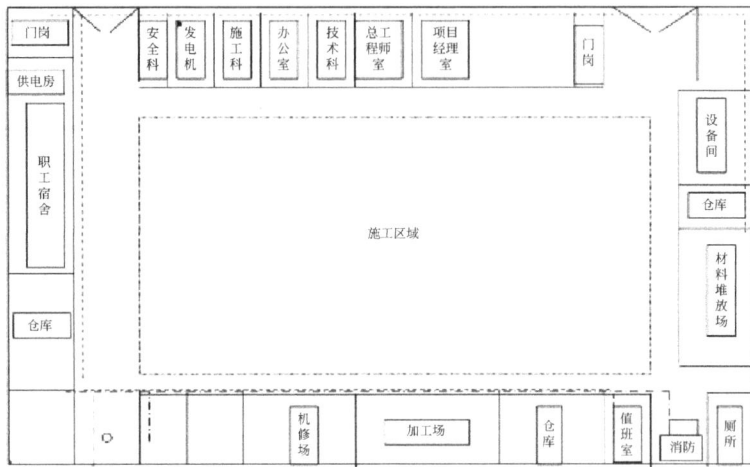

(a)

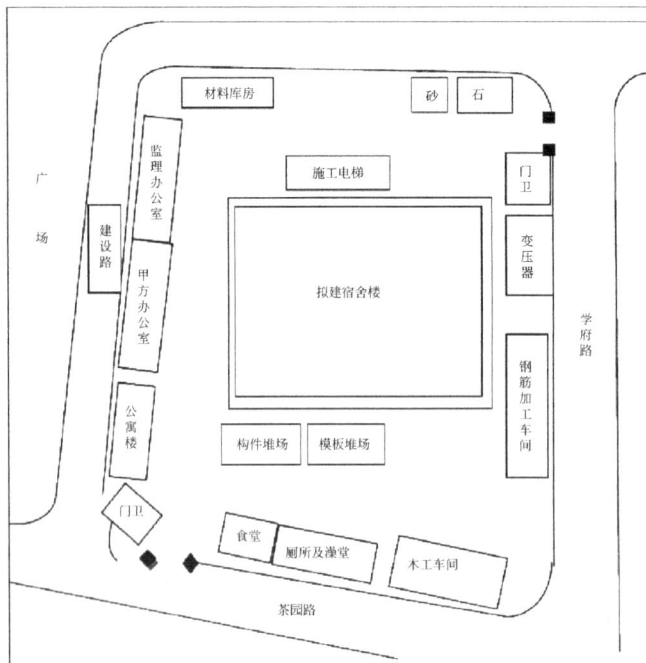

(b)

图 3-1　施工总平面布置图

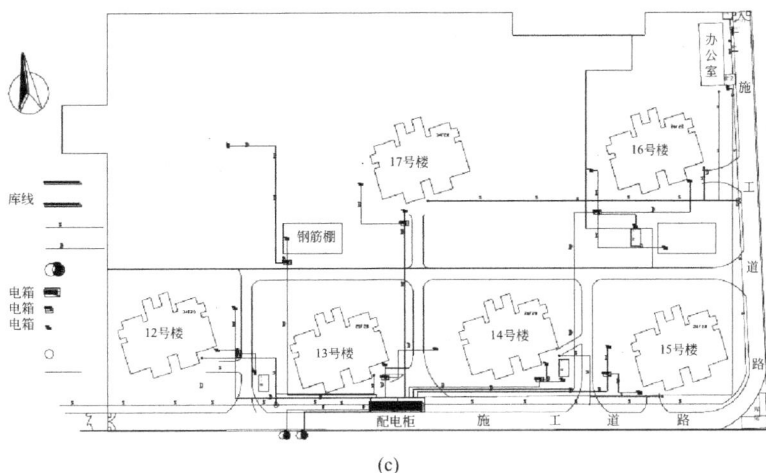

(c)

图 3-1 施工总平面布置图（续）

3.6.2 临建和平面布置的原则

1. 现场施工平面图布置的 20 个要点

（1）划分施工区域、办公区、生活区。设置隔离围墙，相互独立，但交通方便。如果因场条件限制，进入办公区须经过施工区时，必须设安全防护通道。

（2）确定施工主干道和分支施工道路。主干道一般 5～6m 宽，由施工场地大门至主施工场地；分支施工道路 3～4m 宽，应沿拟建单位工程周边环通。

（3）确定办公区的临时设施布置。

根据各方管理人员岗位设置和人员配备，计划好办公室的搭设数量和平面布置位置，配套供水、供电、卫生、排污等设施。注意：办公区应尽量设置在没有施工单体、施工道路的位置，避免施工后期经常移动，影响施工效率，增加成本，造成浪费。

（4）确定生活区临时设施布置。

根据总劳动力动态计划，设计生活区的宿舍、食堂、浴室、厕所、洗衣水池等设施，配套供水、供电、卫生、排污等设施。

（5）确定施工区主要临时设施布置。

考虑材料库、工具房、机修间、配电间、钢筋加工间、安装管道加工间等的临时设施布置。

（6）确定主要施工场地。

施工用的场地要尽量靠近工程施工现场，钢筋加工场、安装管道加工场等要考虑材料加工时半成品或成品的堆放，要考虑运输车辆的进出方便。

（7）确定主要材料堆场。

尽量靠近加工车间或施工用料现场，要考虑运输车辆的进出方便。

（8）确定大型设备的布置位置。

塔式起重机、施工电梯等布置要考虑安装位置便于材料运输，便于设备的安装与拆除，避免相互干扰，以及对周边的影响。

（9）确定临时用电主配电间和配电箱的布置。

施工临时用电至少三级配电，考虑缩短供电线路架设总路程，可以在适当位置布置分配电室，配电间下设两级配电箱和三级配电箱。大型设备用电要单独设立供电线路。两级配电箱和三级配电箱要尽量靠近用电现场。

（10）确定供水线路和供水点的布置（包括高层建筑的消防用水）。

施工区的用水点每个单项工程四周要均匀布置，高层建筑要有专用高压水泵将水送到施工用水楼层，沿建筑物的高度设置不小于 DN100mm 规格的消防供水管，每层配消防箱。

（11）确定排水和排污系统的布置。

现场的雨水排放要有组织，用水紧缺地区，要考虑雨水、污水回收利用，设计雨水、污水沉淀回收再利用设备和沉淀后的排放系统。

（12）绘图要按比例布置各种临时设施、施工设备和材料堆场。

（13）三个区域既要有明显隔离，连通三个区域的道路又要安全、方便。

（14）大型设备的布置要考虑安装、拆卸方便，还要考虑使用方便，要详细阅读和分析单位工程的建筑与结构图纸。

（15）施工区临时工棚要充分考虑有足够的可操作的空间，材料进出方便。

（16）道路的设计要充分考虑材料运输车辆的行走和回转场所。

（17）材料堆放区要便于运输车辆的回转。

（18）办公区要充分考虑施工管理人员的分工特性分配办公室，要考虑提供给业主、监理单位和各专业分包施工队伍的办公场所。

（19）生活区要考虑劳动力高峰期的最大可能居住人数来设计宿舍、食堂、浴室、厕所的规模。

（20）要考虑劳动生产人员交通工具的停放点，必要时提供充电设施。

2. 现场施工平面布置图设计原则

（1）在满足施工要求的前提下，少占地，不挤占交通道路。

（2）主要施工机械设备的布置满足施工需求。

（3）最大限度地压缩场内运输距离，尽可能避免二次搬运。

（4）在满足施工需要的前提下，临时工程越小越好，以降低临时工程费。

（5）充分考虑劳动保护、环境保护、施工安全、消防要求等。

（6）遵守当地主管部门和建设单位关于施工现场安全文明施工的相关规定。

3. 现场施工平面图布置的技巧

1）分阶段进行绘制

以房屋建筑总承包工程为例，建议分以下阶段进行布置：

（1）基坑土方开挖及支护阶段——本阶段生产区应绘制基坑边线、基坑坡道，基坑内运输通道、基坑排水沟及沉砂池，出入口应设置洗车池等。

（2）地下室施工阶段——本阶段生产区应绘制基坑边线，并绘制地下室结构外边线及后浇带，塔式起重机布置应以满足上部结构施工为主。

（3）上部结构施工阶段——本阶段生产区地下室外边线可画成虚线，加工场布置与地下室施工阶段有所不同，部分加工场可移至地下室顶板上，增加施工电梯布置、砌体材料堆场布置、安装用场地布置等。

（4）装饰及安装施工阶段——本阶段生产区结构施工所需的钢筋加工场、模板加工场、脚手架材料堆场等应撤换掉，增加装修施工用场地、安装用场地布置等。

（5）室外工程施工阶段——本阶段加工场、材料堆场等基本撤换掉，现场办公区及临时生活区有影响的也应撤换掉，本阶段应将小区道路及室外的景观构筑物画上。

2）塔式起重机的布置

塔式起重机的平面位置，主要取决于建筑物的平面形状和四周场地条件。一般布置在建筑物边，高层必须考虑附墙加固，离墙距离大概 5m；塔式起重机的服务半径应能基本覆盖高层塔楼；若有预制构件或钢结构吊装，选用的塔式起重机应进行起吊能力验算（最远距离、最重构件）；群塔布置应能相互避开塔身，但覆盖范围最好能小部分搭接；塔式起重机布置还应考虑拆卸方便。

3）道路的布置

（1）尽可能利用原有道路。

（2）满足消防要求，宽度不小于 4m；施工场地宽松的可设置双车道，场地狭小的设单车道，最好能呈环状，或者设置回车场。

（3）运输通道尽量能由市政道路通至主要加工场及施工电梯处。

4）施工机械的布置

施工电梯布置时应查看塔楼标准层平面，尽量设置在阳台位置，混凝土输送泵尽量靠近出入口设置。

确定钢筋加工场、搅拌站、加工棚和材料、构件堆场的位置；应尽量靠近使用地点或在起重机能力范围，并且不能影响运输通道。

案例 3-3：

在建筑工程项目管理中，临时建筑和设施的设计对于后续的施工工作至关重要。在进场前，项目经理需要组织项目人员进行平面布置和临建设置的工作，以确保临时建筑和设施的合理布局，为施工工作提供必要的保障和支持。

以下是一个关于平面布置和临建设置的案例，详细说明了项目经理是如何组织项目人员进行工作的。

某建筑工程项目经理在进场前需要对项目的临时建筑和设施进行设计，以便施工。该项目由于施工周期较长，需要建立大量的临时建筑和设施，比如钢筋加工场、搅拌站、加工棚和材料、构件堆场等，这些临时建筑和设施的位置需要仔细确定，以保证施工效率和施工质量。

为了完成这项任务，项目经理首先组织了一个由专业设计师和工程师组成的小组。这个小组的主要任务是根据建筑图纸和实际施工需要，制订临时建筑和设施的设计方案。小组首先对建筑图纸进行分析，确定建筑物的位置和面积，并综合考虑施工的流程和材料的运输，确定各个临时建筑和设施的位置。

在确定了临时建筑和设施的位置之后，小组开始进行平面布置和临建设置。他们首先绘制了平面图，并将各个临时建筑和设施的位置与面积标注在图上。随后，他们根据实际施工需要，确定了各个临时建筑和设施的建筑类型与结构。在确定了建筑类型和结构之后，小组开始绘制建筑的施工图纸，并确定施工所需的材料和设备清单。

在制定施工图纸和材料清单之后，他们首先将临时建筑和设施的布局图发给工程部门，工程部门根据布局图制订施工计划，并确定施工所需的人员和设备。随后，小组开始进行临建设置，包括搭建临时建筑、设置施工设备和安装安全设施等。

在完成平面布置和临建设置之后，小组进行现场的实地考察和检查，并根据实际情况进行调整和改进。

接下来，项目经理将根据现场实际情况，结合设计要求和工程进度计划，制订出平面布置和临建设置方案，并指导现场人员进行具体实施。

对于平面布置，项目经理首先会确定各个临建区域的位置和面积，然后根据工作流程和设备布置要求，制订出各个区域的具体平面布置图，包括设备摆放、通道设置、人员活动区域等。在设计平面布置时，项目经理要充分考虑现场空间的利用率，使得各个区域之间相互配合、协调，从而保证施工效率和工作安全。

对于临建设施，项目经理要根据工程进度计划，确定各个临建设施的位置和类型，包括工地办公室、工人宿舍、食堂、临时厕所等。在确定临建设施时，项目经理要充分考虑现场环境因素，比如道路交通、周边居民等，从而保证施工不会对周边环境造成太大的影响。

3.7 组织编制项目工程履约策划

3.7.1 对合同的内容、目标进行分解

履约策划的前提就是研究合同文件，要理解、吃透。重点是合同、施工图纸、工程量清单，对其理解、分解不到位，就达不到策划的目的，就会给后面的实施计划造成偏差。

案例 3-4：

某公司正在进行一个建筑工程项目管理，为确保项目顺利实施，需要在履约策划环节对合同的内容和目标进行分解，并对合同文件、施工图纸和工程量清单进行深入理解和分析。

首先，公司需要对合同文件进行仔细研究，了解合同的主要内容和条款，以确保公司能够遵守合同规定并在合同期限内完成工程。

其次，公司需要对施工图纸进行深入理解，以便明确工程的具体要求和细节。公司需要分析施工图纸中的标识、尺寸、数量、质量等信息，以便制订合理的施工方案和计划。

最后，公司需要对工程量清单进行仔细分析和理解，以便明确工程的实际情况和投入资源的需求。公司需要分析工程量清单中的每一项内容，包括工程名称、工程量、单位、单价等信息，以便制订合理的物资和人力投入计划。

处理技巧：

（1）精细分解：对合同内容和目标进行精细分解，确保每一个子目标都是可操作的，并且能够实现。同时，确保每个子目标都是可量化的，以便在项目实施过程中进行跟踪和

监督。

（2）细致研究：对合同文件、施工图纸和工程量清单进行仔细研究和分析，以确保公司能够明确工程的具体要求和细节，并制订合理的计划和方案。

（3）严格遵守：公司需要严格遵守合同规定，并确保在合同期限内完成工程。在制订履约策划时，公司需要考虑到合同的要求和限制，并制订合理的计划和方案，以便在项目实施过程中顺利完成工程。

（4）监督和控制：在项目实施过程中，公司需要定期进行监督和控制，以确保目标得到实现。公司需要建立一套监控机制，以便及时发现和解决问题，并对项目进度进行调整。

通过以上的处理技巧，公司能够确保履约策划得到成功实施，并为项目成功实施奠定基础。

3.7.2　对质量、安全、进度目标进行分解

履约策划一定要有目标，并进行分解，没有分解的目标相当于没有目标。其中，比较重要的是进度目标，进度目标的设置涉及工程进度回款、公司各种资源的投入，是所有目标的基础。

案例 3-5： --

某建筑公司承接了一个国际机场航站楼项目，总建筑面积约为 20 万 m^2，由候机楼、指廊、地下通道等多个部分组成。该项目位于国家重点开发区，具有重要的战略意义和示范效应，要求高水平、高质量、高效率地完成。

该建筑公司在项目启动前，制订了详细的履约策划书，对项目的质量、安全、进度等方面进行了目标分解，并体现在履约策划当中。具体如下：

1）项目的质量目标：达到国家和行业的现行相关标准和规范要求，满足业主和使用者的需求和期望，实现工程质量的优良和稳定。为了实现质量目标，该公司采取了以下措施：

（1）建立了完善的质量管理体系，明确了质量管理的组织结构、职责分工、流程控制、文件管理等内容。

（2）制订了合理的质量计划，确定了质量目标的分解和分配、质量检查和评价的方法和标准、质量问题的处理和改进的措施等内容。

（3）实施了有效的质量控制，采用全过程监督和检验、隐蔽工程验收、工程竣工验收等方式，对工程质量进行全面的检测和评价，及时发现和纠正质量问题。

（4）开展了持续的质量改进，采用 PDCA（Plan 计划、Do 实施、Check 检查、Action 处理）循环法等工具，对工程质量进行定期的分析和总结，找出质量改进的方向和措施，不断提高工程质量水平。

2）项目的安全目标：保障人身安全和设备安全，防止发生重大安全事故和职业病，实现工程安全的零事故和零伤亡。为了实现安全目标，该公司采取了以下措施：

（1）建立了严格的安全管理体系，明确了安全管理的组织结构、职责分工、流程控制、文件管理等内容。

（2）制订了科学的安全计划，确定了安全目标的分解和分配、安全风险识别和评估的方法和标准、安全防护和应急救援的措施等内容。

（3）实施了有效的安全控制，采用三级教育培训、五级安全检查、六级安全会议等方式，对工程安全进行全面的宣传和监督，及时发现和消除安全隐患。

（4）开展了持续的安全改进，采用事故统计分析法等方法，对工程安全进行定期的分析和总结，找出安全改进的方向和措施，不断提高工程安全水平。

3）项目的进度目标是：按时完成工程的设计、采购、施工、调试、验收等各个阶段，实现工程进度的合理和高效。为实现进度目标，该公司采取了以下措施：

（1）建立了灵活的进度管理体系，明确了进度管理的组织结构、职责分工、流程控制、文件管理等内容。

（2）制订了可行的进度计划，确定了进度目标的分解和分配、进度网络图的编制和优化、进度资源的分析和平衡、进度风险的识别和应对等内容。

（3）实施了有效的进度控制，采用甘特图、里程碑表、挣值分析等方式，对工程进度进行全面的跟踪和监控，及时发现和解决进度偏差。

（4）开展了持续的进度改进，采用关键链法等方法，对工程进度进行定期的分析和总结，找出进度改进的方向和措施，不断提高工程进度水平。

通过以上措施，该公司成功地完成了该项目，并在交付使用后获得了业主和市场的高度评价。

3.7.3　制订重点、难点问题解决应对措施

一个施工项目一定会有难点，和影响施工进度的一系列关键工作，这两个方面必须在策划期间找出来，并制订有针对性的解决方案，如果没有找到意味着后期的施工一定会有问题。这两个方面，项目经理必须参与策划、制订解决方案。

案例 3-6：

某建筑公司承接了一个大型商业综合体项目，总建筑面积约为 30 万 m^2，由商场、写字楼、酒店、公寓等多功能建筑组成。该项目位于市中心的繁华地段，周边交通、市政、地铁等设施复杂，施工难度大。该项目的合同工期为 36 个月，要求高标准、高质量、高效率地完成。

该建筑公司项目部启动前，组织了履约策划小组，对项目进行了全面的分析和规划，找出了项目的难点和关键工作，并制订了有针对性的解决方案。具体如下：

1）项目的难点之一是地下室的施工。该项目地下室共有 5 层，深度达到 25m，与周边地铁隧道距离较近，存在渗水、变形、沉降等风险。为了保证地下室的施工质量和安全，该公司采取了以下措施：

（1）采用双层钢板桩作为基坑支护结构，增加了基坑的稳定性和防渗能力。

（2）采用超前注浆法对基坑周边进行加固处理，降低了地铁隧道对基坑的影响。

（3）采用水平梁柱结构作为地下室顶板结构，减少了顶板厚度和混凝土用量，提高了施工效率。

（4）采用自卸车和卸料平台进行土方运输，减少了土方堆放和清运的时间和成本。

2）项目的难点之二是高层建筑的施工。该项目中最高的建筑为酒店塔楼，高度达到 200m，共有 50 层。高层建筑的施工涉及垂直运输、风荷载、抗震、消防等多方面的技术

问题。为保证高层建筑的施工质量和安全，该公司采取了以下措施：

（1）采用自爬式塔式起重机作为主要的垂直运输设备，根据施工进度和需求调整塔式起重机数量和位置，保证了运输效率和安全。

（2）采用预应力混凝土框架—核心筒结构作为高层建筑的主体结构，提高了结构的刚度和抗震性能。

（3）采用压型钢板作为楼板结构，减轻了楼板自重和活荷载，缩短了楼板施工周期。

（4）采用喷淋系统作为主要的消防设施，增加了消防水源和灭火效果。

3）项目的关键工作之一是项目进度管理。该项目合同工期较短，要求按时交付使用。为保证项目进度的合理安排和有效控制，该公司采取了以下措施：

（1）采用 WBS（工作分解结构）法对项目进行分解，将项目划分为多个可控的工作单元，明确各个工作单元的内容、责任、资源、时间等。

（2）采用网络计划法对项目进行编制，确定项目的关键路径和关键活动，分析项目的进度风险和缓冲时间，制订项目的进度计划和进度控制点。

（3）采用甘特图法对项目进行展示，形象地反映项目的进度情况和进度偏差，及时调整项目的进度措施和资源分配，保证项目进度目标的实现。

4）项目的关键工作之二是项目成本管理。该项目投资规模大，要求合理控制成本，提高投资回报率。为了保证项目成本的合理预算和有效控制，该公司采取了以下措施：

（1）采用工程量清单法对项目进行预算，根据施工图纸和工程量清单，按照市场价格和自身优势，合理确定各个分部分项工程的综合单价和总价。

（2）采用动态核算法对项目进行核算，根据实际发生的工程量和费用，及时进行工程变更、签证、索赔等核算处理，反映项目的成本—收益情况。

（3）采用目标成本法对项目进行控制，根据预算成本和合同价款，确定项目的目标成本和目标利润，分析项目的成本结构和成本影响因素，制订项目的成本控制和节约措施。

该公司的项目管理经验为建筑行业提供了一个有益的借鉴。

3.7.4 履约策划参与者是谁？

履约策划最后的实施是全体项目管理人员，所以必须由全体人员参与，在制订计划的过程中就是一种项目施工的预演，可以有效避免策划编制人员由于经验和知识的盲点带来的策划方案偏差。

3.7.5 履约策划的主要类型

1. 二次经营策划

二次经营是贯穿于施工全过程的重要经营行为，其目的是降低成本、实现利润。二次经营的任务就是优化施工组织和过程管理，通过提高生产力，对施工过程中的收入和支出进行细致量化的管理，并创造提升过程管理质量，实现工程收入最大化、工程物耗最小化，降低工程成本，提高施工企业的赢利水平，实现企业目标利润，创造良好的经济效益以及社会效益。

1）主要手段

工程质量是一次经营的前提，更是二次经营的基础。对施工企业而言，质量、工期、成本是工程项目管理的三大要素。一切都要围绕这三大要素进行经营活动。没有质量保证，其他都无法实现。

2）成本控制

（1）成本管理事无巨细，效益靠细节实现。项目部应成立以项目经理为领导的成本核算小组，在施工过程中加强全员全过程控制成本的观念，重点把管理费、工费、材料费作为项目成本管理工作的重中之重进行控制，从细节上控制成本。

管理费用支出贯穿于整个项目的始终，对于这部分费用的控制要严格执行公司制定的各项规章制度。要重点培养懂施工、懂技术、会经营、能管理的复合型管理人员，做到一专多能。通过有效的奖罚机制，充分调动管理人员的积极性和主观能动性，使项目人员能人尽其才，各尽所能，从而降低现场经费支出；制订各项节约措施，将成本控制的思想融入日常工作的办公消耗和水电管理等方面，最大限度地降低内部消耗和日常费用开支。在招待费使用时，严格控制，不符合要求的费用坚决不予报销。

主体结构采用综合单价分包方式有利于工费的控制，严格控制分包结算管理，严把出口关。一是要按月度进行验工结算，严格执行合同单价，新增项目必须先签补充合同后结算，没有补充协议的严禁结算。二是严格控制结算数量，确保结算数量不大于对业主计量的数量，要有技术主管、总工程师的签字复核。三是要严格控制点工结算。能核定工程量的项目应避免点工的发生，因为点工数量的不可控因素较多，在过程管控中应尽量避免。

（2）施工材料的控制是成本管理过程中的重点。物资部门对材料的供应要在保质保量的前提下，对价格、数量进行控制，严格把好进货关、使用关和回收关。

合同的履行和严格把关是影响成本的关键之一。项目部要把合同作为头等大事来抓，成立合同评审小组，每项合同签订之前，要认真对合同进行评审，对合同的每一项条款进行认真分析研究，确保合同的合理和准确，有效地规避风险。设置专人进行合同管理，建立完善的合同管理台账。合同履行期间加强过程中管控，定期对分包队伍进行检查和考核，及时纠正分包队伍存在的问题，并监督其整改，加强现场协调，避免扯皮现象。并做好与合同有关的各项资料统计和分析工作，及时发现问题、解决问题，预防不必要的纠纷。

加强项目基础工作，推行标准化、精细化管理，建立健全各种基础台账，使项目部的各个环节、各个部门工作有序。做好变更设计的资料准备；做好工程数量的统计计算，对工程量反复进行清理核对；指定专人负责计量工作，对新增项目及时进行单价分析；加强内部信息沟通，使现场变更及时反馈到相关部门，并对合同条款进行讨论，确定最佳变更方案。

（3）制订二次经营策划是保障。面对"低单价"中标给项目经营管理工作带来的巨大挑战，实现以低成本完成项目施工，加大项目二次经营工作力度是有力措施之一。项目中标后应及时联系经开部门，获取项目概预算资料，以及项目重、难点工程及概算费用组成；仔细研究合同，分析合同有利与不利的风险因素，制订二次经营工作策划，明确二次经营工作范围及工作目标，责任到人到岗，动态督导管理控制。

编制切实可行的二次经营计划，首先要全面熟悉报价资料，掌握构成计量的工程量清单单价所包含的工序内容，分析单价组成方式及组成单价的单项指标，从而掌握不平衡报价项目。其次要做好项目变更规划，根据合同条款中的变更条件，结合实测的成本单价，增大利润单价的施工数，减少亏损项目的施工数量并尽量向利润项目变更，同时根据实施性施工进度计划，初步划分各项变更项目的实施期限，并做好满足合同变更条件约定的技术准备。再次要掌握调价索赔合同约定，做好项目经营管理过程中调价索赔项目预埋计划和实施准备。

（4）有策略实施是二次经营的根本。项目二次经营工作，归根结底是在分析合同风险的基础上，分散和转移风险。要充分发挥工作主动性和积极性，认真抓好二次经营工作的实施，主要工作有以下几方面：

第一，要从思想意识的转变和提高开始，统一思想认识，建立健全各项目二次经营领导机构，明确责任分工，主要领导集中精力，按计划、有步骤抓好落实，持续改进，注重工作实效。

第二，抓项目二次经营首先必须建立良好的外部环境。二次经营工作的前提和基础是："干好活、处好人"，干好在建工程是做好二次经营的首要条件，安全质量无保证、控制工期和总工期延误，二次经营无从谈起。处好外部各方面关系是做好二次经营的必要条件，合理但不合情的要动之以情主动争取，不合理但合情的要以情动人、以情感人积极争取。

第三，"有理有据、签证齐全、图文并茂、说明有力"，提高二次经营工作成效。变更调价的理由要充分，现场签认及时，手续齐全，资料完整，申报审批符合程序，变更调价才具有充足的把握。

第四，项目二次经营要取得好的效果，必须注意工作技巧的灵活运用。二次经营技巧因人而异，多种多样，"个性问题设法突破，共性问题学会搭车"：变更调价必须优先从个性问题思考解决，不牵涉其他单位，容易审查通过；共性问题必须联合其他标段，或借助行业协会，发挥集体智慧和力量，联合促进解决。

第五，及时跟踪已上报二次经营项目的审核、审批进展情况，掌握审核、审批过程存在的主要问题和关键环节，重大事项信息及时向上级反馈。

第六，积极参加工程保险和设备保险，合理转移风险。对于高风险隧道或自然灾害频发地区，应主动参加工程保险，出险后及时进行理赔，减少损失，转移风险。同时，对自有设备和周转材料，应参加投保，避免工程风险发生时，设备和周转材料损失的免赔责任出现。

项目成本管理是项目管理的核心，而二次经营是成本管理的基础，只有做好成本管理中的二次经营，才能更好地实现企业的利润最大化，使施工企业在激烈的市场竞争中得到生存和发展。

2. 商务策划

建筑工程项目部的商务策划，目的是更好地完成项目工作，完成合同的履约工作。下面以某建筑工程项目为例说明商务策划的工作步骤。

1）项目概况

略。

2）商务策划

（1）合同交底

① 对合同文件进行仔细分析和理解，确保项目经理和项目组对合同条款有清晰的认

识，避免合同漏洞和风险点。

② 确定项目管理人员的职责和任务，并对其进行培训和交底，以确保他们了解合同条款和业主管理办法，能够有效地管理和执行项目。

③ 确保所有项目相关人员都签署了保密协议，避免商业秘密泄露。

（2）工程计量

① 学习技术规范要求，并与监理、业主沟通工作内容和计量方法，确保工程计量的准确性和及时性。

② 尽早准备资料，确保早计量、早收款，减少资金周转周期。

③ 加强与业主的沟通和协调，尽量避免因计量问题引起的争议和纠纷。

（3）专业分包

① 按公司分包合同范本，结合实际情况，细化、补充和完善分包合同条款，增加奖罚、资源投入等针对性条款，确保分包合同的合理性和有效性。

② 在分包前与分包商进行谈话和谈判，明确工作内容和工作要求，确保分包商能够满足项目要求和业主要求。

③ 加强与分包商的协调和管理，及时解决分包过程中的问题和纠纷，确保他们理解合同要求和业主的管理要求，并按照合同和管理要求进行工作。如果有任何问题，项目经理应及时解决。

（4）合同履约

① 应按照合同要求完成工程质量、安全、进度等各项指标，并及时处理各种问题和纠纷。

② 项目经理要向项目团队进行交底，确保团队了解合同要求和业主的管理要求，并能够按照要求进行工作。

③ 加强履约过程中的检查和总结，如果有任何问题或挑战，项目经理应及时与监理、业主进行沟通和解决。

3. 样板引路策划

建筑工程项目部样板引路策划方案：

（1）确定施工标准和规范：在项目开始前，制定建筑施工标准和规范，确保施工过程中的操作符合规范和标准要求，如质量标准、工艺标准、安全标准等。

（2）建立样板工地：在项目工地上建立样板工地，向所有工人展示样板工地，以示范标准的落实情况，包括施工过程中的每个步骤、每个工种的施工规范和标准等。

（3）工人培训：对所有施工人员进行培训，让他们了解施工标准和规范，并培训他们如何按照标准施工。定期组织培训，以确保施工人员掌握最新的施工标准和规范。

（4）制定质量检查标准：制定质量检查标准和程序，确保施工过程中的每个环节都符合质量标准。建立检查清单，每个环节施工完成后进行检查，确保符合标准和规范。

（5）实施严格监督：对施工人员实行严格监督，发现问题及时处理，确保施工过程中的每个环节都符合标准和规范要求。严格监督可以通过定期巡视、随机检查、技术指导、奖惩等方式实施。

（6）引进先进技术和管理经验：引进先进的施工技术和管理经验，提高施工效率和质量水平。通过技术培训、管理培训等方式，不断提高工人的技能和管理水平，确保施工过程的可持续发展。

（7）建立质量跟踪系统：建立质量跟踪系统，对施工过程中的每个环节进行跟踪，包括施工前、施工中和施工后的跟踪，以确保项目质量达到预期目标。同时，根据跟踪结果，及时采取纠正措施，提高质量标准。

通过以上七个步骤，可以提高施工质量，规范工人的施工行为，提供检验标准，从而更好地完成项目工作。同时，也可以不断完善和优化施工流程，提高施工效率和质量水平，保证建筑工程的质量和可持续发展。

4. 行动学习策划

建筑工程项目管理履约行动学习策划方案：

（1）建立学习小组：在项目开始前，建立履约学习小组，由项目经理带领，邀请相关专家和管理人员参与。学习小组可以定期开会，分享学习经验和项目进展情况。

（2）制订履约学习计划：包括学习内容、学习方式和时间安排等。学习内容可以涵盖履约相关法规和标准、管理和技术方面的知识和技能。学习方式可以包括课堂学习、现场实践、研讨会和培训等。

（3）实施现场实践：在项目实施过程中，定期组织现场实践活动，让项目经理和工程师到现场参与工作，了解实际情况，掌握现场管理和技术要领。现场实践可以包括现场考察、施工现场参观、技术研讨等。

（4）建立经验库：记录和总结履约过程中的经验和教训，包括履约管理、施工技术、质量控制、安全管理等方面。经验库可以帮助项目经理和管理人员更好地应对问题和挑战，提高履约水平。

（5）加强管理和技术培训：培训可以通过内部培训和外部培训相结合的方式实施，通过培训，可以提高项目经理和管理人员的综合素质和能力，增强管理和技术水平。

（6）加强沟通和协调：建立良好的工作关系，增强团队凝聚力和合作精神。沟通和协调可以通过定期会议、信息共享和经验交流等方式实施，加强团队合作，提高项目的执行效率和履约水平。

（7）制定奖惩机制：根据履约目标和绩效指标，对履约工作给予奖励和惩罚。奖惩机制可以激励项目经理和管理人员积极履约，落实到管理过程中，提高项目执行效率和履约水平。

3.8 确定项目管理目标

一个项目确定管理目标是一切工作的前提，这个目标不是项目经理一个人的目标，应该是整个项目所有人的目标，在项目开工前就应该确定并贯彻给所有人。

（1）公司内部目标有：是否要树立集团标杆，是否参加省市或者全国的标准化评比，是否有集团或者外部的观摩会等。

（2）进度目标有：开工时间、出正负零时间、达到预售的时间、封顶时间、竣工时间等。

（3）质量目标有：合格还是优秀，第三方的飞检成绩等。

（4）创优目标有：结构市优、结构省优、安全文明工地、绿色示范工程、国家优质工程，还有工法、专利申请、论文等。

（5）项目经济目标有：每月工程量、每月管理费用、回款金额、付款金额、垫资额度等。

（6）对项目目标进行表格化整理：在项目部张贴，作为激励项目部管理人员的手段。如表3-2所示。

项目目标表格化示例　　　　　　　　　　　　　　　　　　表3-2

×××项目目标汇总

进度目标	开工时间		出正负零时间		达到预售时间	
	封顶时间		竣工时间			
质量目标	基本目标	合格				
	实测实量	铝模主体实测不低于：				
		木模主体实测不低于：				
		砌体实测不低于：				
		抹灰实测不低于：				
		安装实测不低于：				
	达标验评	达到分数				
安全文明目标	安全目标	轻伤事故不超过：				
		重伤事故不超过：				
		不发生责任事故（如媒体曝光、政府通报等）				
	文明施工目标	达到环保要求，无主管部门通报扣分，符合公司文明施工及CIS要求				
创优目标	外部	国家优质工程		结构省优	竣工省优	
		安全文明工地		绿色示范工程	智慧工地奖	
	内部	结构优质奖		竣工优质奖	安全管理奖	
		技术进步奖		队伍建设奖	优秀党小组奖	
工程管理大检查目标	基础阶段不低于第___名，主体阶段不低于第___名					
	装饰装修阶段不低于第___名，确保一次取得前___名					
第三方评估目标	总目标	排名前30%___次，其中前5%___次，杜绝后15%				
	分解目标	第三方评估分解目标				

3.9 组织招标工作

3.9.1 招标工作的依据

招标工作开展的前提是合约策划完成以后，经项目经理批准后执行。合约策划是招标的依据，招标的范围、项目、标准都依赖于合约策划，所以要以合约策划为依据，有序开展招标工作。

3.9.2 招标程序

(1) 编制招标文件和标的，并报公司领导审定。

(2) 发布招标通知或发出招标邀请。

(3) 对投标项目团队进行资质审查，并将审查结果通知各申请投标者。

(4) 向合格的投标项目团队分发投标文件及设计图纸、技术资料。

(5) 建立评标组织，制定评标定标办法。

(6) 召开开标会议，审查标书。

(7) 组织评标，确定中标单位。

(8) 发出中标通知书。

(9) 与中标单位签订合同。

3.9.3 确定招标工作的截止时间

项目招标工作的截止时间是招标工作中最重要的，在计划的节点时间没有完成招标工作，会带来一系列的连锁反应，所以必须严守招标工作的最后时间。这个是项目顺利进场开工的最重要的一步。

3.10 与建设、设计、监理、质监等各单位建立联系

3.10.1 如何组织与建设单位的第一次见面会？

1. 确定见面会的参加人员

在建设项目的运行初期项目的人员还没有配齐，去参加见面会的人一定是先期进场的项目骨干，主要工作是和建设单位对接，确定项目运行的基调，所以项目总工、项目生产经理、项目商务人员必须参加。

2. 确定见面会应该达到的目的

(1) 建立信任关系：建立项目经理和建设单位之间的信任关系，以确保项目的顺利进行。

(2) 确定项目需求：确定建设单位对项目的需求，以便指导以后的工作。

（3）制订项目计划：制订项目的开展计划，以确保项目顺利开展。

（4）确定合作框架：确定项目经理和建设单位的合作框架。

3. 确定见面会应准备的资料

在和建设单位见面之前项目部应该先期对招标文件、合同进行学习，组建项目团队，确定管理目标。所以，学习和计划成果应该形成文字资料带到见面会。主要资料有项目管理规划、项目部组织架构、人员名单、临建方案和平面布置图。资料、方案应该和建设单位主要负责人沟通，听取意见，争取达成共识。沟通既表达了对建设单位的尊重，也有利于项目进一步开展工作。

3.10.2 开工前必须拜访的部门有哪些？

开工前需要和项目建设有关单位建立联系，以便更好地开展工作。开工前必须先建立联系的部门有：

（1）设计院。在项目的运行过程中，设计部门是施工单位无法绕开的部门，所以尽早建立联系，知道设计总负责人，知道各个专业的负责人，并建立联系。

（2）监理单位。由总工牵头了解监理单位的基本情况，重点是了解监理部对施工单位进场前资料的要求，并按要求上报资料，以免精心准备的资料不是监理需要的，造成不必要的返工。

（3）质监部门。在不同的地区，质监部门对项目的质量管理要求不一样，所以要求项目部必须和质监部门建立联系，以便掌握本地区质监部门的要求。

（4）安监部门。拜访安监部门的目的和质监部门类似，需要注意的是，这个部门最好由项目安全总监参与拜访。

（5）派出所。联系派出所要项目经理出面，以示尊重，联系的层级应该在副所长以上。有些工地存在工人恶意讨薪的可能，如果发生恶意讨薪，不及时处理，容易发生群体事件，也是派出所不愿意看到的。

（6）医院。对于施工企业来说，在整个施工过程中，难免有施工人员有受伤、得病的情况，在刚进场的时候要先了解项目附近有几个医院、医院等级、离得最近的医院、行车时间等信息。

3.10.3 如何应对各方推荐队伍及供应商？

1. 各方推荐队伍和供应商的来源

上级政府相关职能部门，建设单位，监理单位，企业内部，其他项目合作过的供应商及相关单位人员。

2. 各方推荐队伍及供应商的初步筛选

（1）审查资质：对于所有推荐的分包队伍和供应商，项目经理应详细审查其资质，以确保他们具有执行工作的能力。

（2）评估业绩：评估推荐的分包队伍和供应商的业绩，以确保他们具有良好的执行记录。

（3）考察安全记录：考察推荐的分包队伍和供应商的安全记录，以确保他们具有良好的安全表现。

（4）考虑费用：评估推荐的分包队伍和供应商的费用，以确保项目在预算内。

（5）考虑技术能力：评估推荐的分包队伍和供应商的技术能力，以确保他们有能力完成任务。

3. 各方推荐队伍和供应商的分类及应对措施

（1）对项目运营有影响的：上级政府相关职能部门，建设单位，监理单位。这类队伍，我们首先要把握的原则就是态度。要热情接待、耐心交流。在这些队伍里面分两种情况：一是这个队伍有施工能力，报价也在合理的范围之内，这个时候按照正常的管理流程管理即可。二是如果这个队伍的施工能力不符合要求，报价太高，可以和队伍进行交流、沟通，把项目合作的规矩说得烦琐一点，说明工程价格由公司决定，项目没有决定权，让队伍自己主动选择退出。

（2）对项目运营影响不大，但涉及项目运营顺畅度的：企业内部。这种队伍在态度上也要热情接待，耐心交流，不管能否合作是否选择按照上面的指示执行即可。

（3）对项目运营没有影响的：其他项目合作过的供应商及相关单位人员。对这种队伍按照项目和公司的要求选择，正常管理即可。

案例 3-7：

某建设公司承接了一个大型商业综合体项目，总建筑面积约 20 万 m^2，工期 36 个月。该项目涉及多个专业分包工程，如土建、钢结构、幕墙、机电、消防、给水排水、智能化等。为了保证项目的质量、安全和进度，该公司对分包队伍的选择非常重视，采取了以下措施：

（1）建立了分包商库，对分包商进行了资格审查、信誉评价、业绩考核等，筛选出了符合条件的分包商，并按照不同的专业和等级进行了分类。

（2）根据项目的特点和需求，制订了合理的招标方案，确定了招标方式、招标范围、招标条件、评标办法等，并邀请了业主和监理单位参与招标工作。

（3）对于重要的专业分包工程，采用公开招标的方式，广泛邀请有实力和经验的分包商参与竞争，通过技术和商务评审，确定了最优的中标候选人，并与之签订了规范的分包合同。

（4）对于一般的专业分包工程，采用邀请招标或者竞争性谈判的方式，从分包商库中挑选出有资质和能力的分包商进行比选，通过综合评价，确定了最佳的中标候选人，并与之签订了规范的分包合同。

（5）对于简单的劳务分包工程，采用直接委托或者询价采购的方式，从分包商库中挑选出有信誉和经验的分包商进行洽谈，通过协商一致，确定了最合适的中标候选人，并与之签订了规范的分包合同。

通过以上措施，该公司成功地选择了一批优秀的分包队伍，为项目的顺利实施奠定了坚实的基础。

4

项目实施阶段项目 经理工作重难点

4.1　安排总工组织行动学习

4.1.1　项目经理如何打造学习型项目团队？

在项目管理过程中，项目团队的管理一直是项目经理需要进行的一项重要工作。很多的项目经理都在努力地将自己的项目团队打造成一支学习型的组织，因为在现在激烈的竞争环境之下，只有不断学习、不断"充电"才能保证自己不被时代甩下来。近几年又是知识创新变革的最激烈时期，各种思想不断地涌现，大家对新知识的接受度也从最初的兴奋，到后来的茫然和无所适从。很多的事情从正反两个方面论述都很有道理，如果我们再不加思考地进行吸收就会在我们的思想中产生混乱。所以，在这个时代项目经理想要将自己的项目团队打造成学习型团队，就一定要充分了解以下几个特点：

（1）知识的多样性，要求每一个人针对自己的岗位和需求有自己的目标和有所抉择。现在我们获得知识的渠道非常多，例如纸质书籍、电子书、网络、公众平台、视频网站等。可以说不管你需要学习何种知识都可以通过很多不同的渠道来获得，虽然这种情况给我们带来了很大的便利，但是同时也给我们带来了选择的困难。大家在眼花缭乱的知识面前突然变得不会学习、不会选择了。

所以，项目经理在建立学习型组织的时候就要充分意识到这一点，首先要确定团队学习知识的大概范围，指定项目团队学习的方向。这样才能建立真正的学习型组织，否则大家都没有具体的学习范围和方向，要成为一个学习型组织根本就是一句空话。

（2）学习方法和学习时间的选择也很重要。每个人都有适合自己的学习方法，这一点不能一概而论。例如，有的人比较适合看纸质的书籍来进行学习，而有的人比较适合观看视频讲解来进行学习。项目经理建立学习型组织的关键是要把控结果，也就是学到的知识、经验是不是能够有利于大家更好地管理项目，所以项目经理要鼓励大家选择适合自己的学习方式进行学习。

（3）每个人工作内容和职责不一样，有的岗位偏现场，有的岗位偏办公室，不同的人学习的时间是不一样的，就要采取组织集中学习和自由灵活学习相结合的方式，集中学习，注重交流、讨论和总结，这样能够充分调动大家的学习积极性。灵活安排时间进行学习是指每个人应当根据自己的实际情况对自己的学习时间进行灵活安排，而不必采用统一的时间。

（4）更要注重学习内容与项目管理实践相结合，实现项目管理和学习"充电"的相互促进，学习的内容一定要与项目实际工作的实践进行结合，使得项目成员从内心感觉到自己所学的知识能够有效地提升自己的实际工作效能。这样才能够激发和保持大家学习的热情和积极性。其实学习型组织最重要的是如何保持每个人学习的积极性，我看到过很多的项目组织管理人员在学习最开始的时候热情很高涨，但是一段时间以后热情就褪去了，不再去学习了，没有持续性。所以，项目经理在建立学习型组织的时候一定要想办法去保证大家学习的积极性，要有正向的反馈。

那作为项目经理，可以通过哪些方式来建立学习型的组织呢？结合多年的实践经验，项目经理可以从以下几个方面入手。

1. 在团队内部建立定期的交流和分享制度

建立定期的交流和经验分享制度，在交流和分享过程中使得团队成员的思想不断产生碰撞。采用头脑风暴和专家引导两种思维方式进行效果的加强。所谓头脑风暴就是围绕项目的一切话题，不限于技术、安全或者其他管理方向，让大家调动自己的积极性畅所欲言，天马行空地去碰撞，发散性地拓宽思路。这样的方式可以使大家打开自己的思路，达到充分交流的效果。专家引导是在头脑风暴的基础上利用一些具有专业知识的人员和专家，对大家的思路进行引导和提升，这样的过程能够对思维碰撞的成果进行巩固和加强（图 4-1）。

图 4-1 项目专项问题研讨会

案例 4-1：

每周现场检查过后，一定会有质量和安全方面的问题，选两到三个比较突出的问题，让大家分组进行讨论，可以是内部管理问题：如何做到多部门联动？劳务管理问题：安排的工作如何不折不扣完成？也可以是具体的质量问题：为什么东西山墙有斜向裂缝？为何构造柱的箍筋都是开口箍？为什么螺杆洞封堵一抠就掉？还可以是安全问题：为什么现场灭火器总是放了没几天就丢了？为什么塔司什么都吊？为什么洞口的防护总是缺失？将这些问题抛出来，充分开拓大家的思路，利用鱼骨头分析法等（图4-2），尽可能多地展现大家的想法，每个小组定好组长，收集大家的讨论成果进行发言，大家一起来讨论这些方法的好与坏，最后形成项目对这个问题的统一处理方式方法，也让大家对如何解决这个问题有了充分的认识，后续在过程管理中就可以用起来，

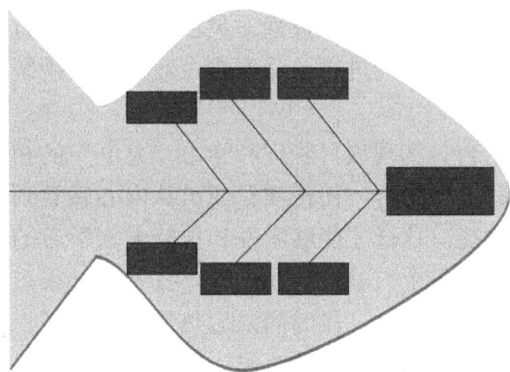

图 4-2　鱼骨头分析法

举一反三地去管理，形成良性的解决问题的方法，让大家敢说敢管。

2. 在团队内部建立定期的培训制度

在团队内部建立定期的培训制度，可以在团队中指定经验丰富的培训导师或在团队外部聘请有一定知名度、专业性比较高的导师。培训是建立学习型组织非常有效的方式。但是在实践中我们发现，很少有项目团队会在项目执行的过程中组织相关的培训。大家都把自己的主要精力和目光集中在了如何完成生产任务上面，甚至不少的项目经理都认为进行培训是浪费大家的时间，有培训的时间大家还不如多去现场盯一盯工作，抢一下项目进度比较实在。这种想法一定要扭转过来。

3. 建立以学习为荣、以不学习为耻的团队文化

团队建立学习文化需要项目经理对整个团队的成员的思想进行引导，对于积极学习并取得了成绩的团队成员要当着全体项目成员的面进行表扬，为整个团队进行学习树立榜样。而对于那些不喜欢学习，或者学习不积极的成员，要及时地进行教育和批评。

建立团队文化的同时可以采取一些必要的辅助措施，例如在墙上建立荣誉榜，采取奖励制度。这样大家的成绩一目了然，通过荣辱观推进建立团队的学习文化。

4. 敢于放权，鼓励团队成员进行工作实践

我们的学习是为了更好地进行实践，所以学习以后就需要鼓励成员大胆地进行实践，做到知行合一。例如，学习和培训了项目管理知识以后就需要鼓励和授权团队内部有管理能力的人员真正地对一部分项目工作进行实际项目管理。

当然，在实际的授权过程中不能不作任何控制，需要项目经理一点一点地通过授权检查的方式，实现团队成员能够独立地完成任务。如果经过团队的学习，在团队成员中出现了能够独立进行工作和管理的人员，说明团队已经成为一个真正的学习型组织。

4.1.2　项目经理是否参与学习？

项目经理要不要参与一起学习？非常有必要！如果项目经理从来不参加学习和培训，用不了几次团队成员就会自我放松，很多团队成员就会慢慢地懒散下来，一起培训的时候或在打瞌睡或在玩手机，而把学习培训变成应付性工作的一部分，从而失去了学习的动力，甚至觉得培训是在浪费时间而从内心去抗拒。一旦团队里出现类似拖后腿的成员，这

种慵懒会迅速传染给所有人。

团队学习的主要目的是寻求更好的管理模式,学习更专业的职业技能和更好的职业素养,项目经理一定要带着他们一起去学习,要有"传帮带"的思想,引导每一个团队成员向着同一个方向迈进,让他们学到新的知识,积累更多的经验。在项目的日常工作中,更游刃有余地工作,不要让他们觉得学习和培训是用来更好地压榨他们的。

一个正常的项目管理团队,是由各个部门、不同岗位的管理人员组合而成的,对于一个十几个人,甚至二十几个人的项目团队来说,对身居管理团队领导者位置的项目经理而言,自信心过强、支配欲过旺的心理容易使他只爱说不爱听,只爱听顺耳之言不爱听逆耳之言。如果长期这样,在团队就容易酿成一种很糟糕的文化氛围。

其一,有的人崇拜权威或者对权势敏感而且注重为自己谋势,他们的主要心思是揣摩上司的心理而不是把心思放在工作上。

其二,很多时候在项目的管理过程中,在日常生活里,碍于自己的岗位和项目经理"一把手"的职位,很多基层员工和项目经理交流很少,有的甚至怕见到项目经理。项目经理要和基层员工更多地交流,一起学习培训,在轻松的交流探讨中才可能感知基层员工的需求和需要你解决的问题,促进项目的良性发展,在提高自己各方面专业能力和相关经验的同时,也更好地了解自己的团队,了解团队的短板,更好地带领大家取长补短。

4.1.3 如何确保公司制度在项目上落实?

结合多年来的项目管理经验,如何确保公司的制度能够在项目上充分落实,其实是项目经理非常重要的一项工作。任何一个公司,经过长期的运营,都会形成一套完整闭环的制度和流程,尤其是项目不断有新人加入,如何让他们快速融入团队,快速进入工作状态,了解自身岗位的职责,是项目经理必须完成的一项重要工作。由此归纳总结了以下几个方面的内容。

1. 根据公司的规章制度,抓好项目的建章立制

项目经理必须在项目部建立初期,就要根据公司规章制度制定一套规范的、统一的、标准的责权利相结合的项目管理体制和机制。使项目部的每个部门、每个人的工作职责和范围得到明确的界定,并给不同岗位的管理人员赋予相应的权利,让他能够充分有效地履行自己的职责;在岗位责任的支配下完成相应的工作任务,需要有闭环的制度针对不同的行为有奖有罚,彻底打破过去那种干好干坏一个样、干多干少一个样的格局。这样的项目层层落实岗位责任,级级夯实工作任务,使项目部工作做到责权利无空白,无重叠,事事有人管,责任有人担,杜绝各种推诿扯皮,一切有章可循、有据可查,形成了一个完整的能够闭合的管理体系,这样就能调动所有职工的积极性和主动性。

2. 抓好技术管理

技术管理是工程项目管理的重中之重,技术管理不到位,工程质量将无法得到保证,项目处处被动,业主、监理、质监单位会大会小会批,下整改单、罚款单、停工令,工程、技术人员会疲于应付各种检查、汇报、回复,而没有时间去现场进行重要节点、重大方案落实的专项检查,去发现重要的质量和事故安全隐患。因此,抓技术管理工作要做到规范化、标准化、制度化,要满足一切施工均可追溯的原则。项目部领到图纸后,要立即组织有关人员认真进行图纸会审（图 4-3），熟悉各个专业的图纸，弄清设计意图，并及时对项目管理团队进行交底。

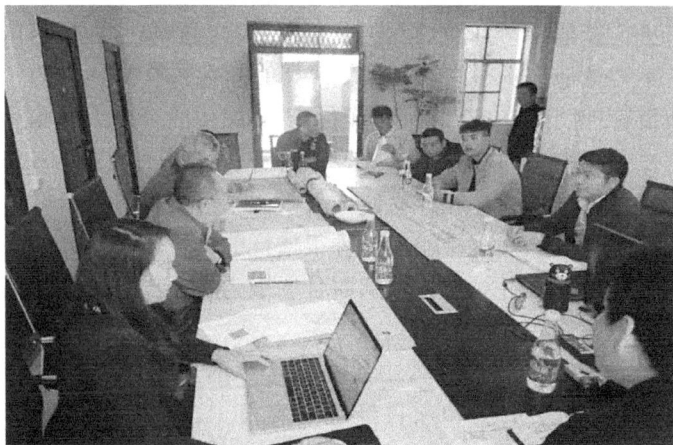

图 4-3 图纸会审会

根据项目工程特点和施工中可能出现的问题，做好图纸会审会议记录，参加业主（监理）主持召开的图纸会审会，并提出问题；对设计变更要及时办理手续；工程各分项开工前，总工要组织施工技术管理人员就施工项目的内容、技术标准、工程特点、设计意图、施工方案与要求、施工顺序、工期、进度安排、工艺质量标准、设备物资供应的安排、安全质量措施等进行技术交底，对施工队伍的技术交底要分批、分段进行，派技术人员管控整个施工过程；技术资料要完整、真实、清晰、及时，指定专人负责收集整理竣工所需的技术资料，整理、编目、分类、装订成册，为工程交工验收提供依据；技术人员要积极学习和推进四新技术的应用，聘请专家对工程出现的技术难题进行会诊解决（图 4-4），开展全员参与技术创新的活动，为工程献计献策。

图 4-4 专家会审现场

案例 4-2: ⋯⋯

要想技术管理全面，就一定要抓具体细节，否则很多技术管理人员技术做不细，做不到技术先行，会使项目进行过程中出现很多问题，然后暴露出来，再来扯皮，设计的问题还是施工的问题，是交底的问题还是检查的问题，公说公有理、婆说婆有理，所以项目经理管技术人员，一定要在某些细节上严加要求，否则技术人员很可能嘴上答应，转过头并不去处理，现场干活两眼一抹黑。作为项目经理，要根据自己的经验，根据现场情况定期对技术人员提出一些要求，让技术去巡场，把现场做的和图纸不一样的地方找出来，并逐项进行整理，然后组织大家一条一条分析，就会发现很多做错的部位是没有详细节点、工程管理人员读图不清晰、劳务班组按照经验做，导致现场对应不上的问题特别多，这就要求技术人员对现场很多图纸不明确的地方要进行深化设计。比如，二次结构砌筑深化图；各类门窗洞口深化；地下室、屋面排水沟深化；地库顶板、屋面伸缩缝深化；地下室底板、顶板后浇带深化；一结构洞口、二结构洞口尺寸定尺等，只有这些做法固定了，一个项目一个做法，现场才能趋向简单管理、强化执行。

3. 抓好合同管理

在合同管理方面，要加强项目合同签订的准确性、可靠性和合同在执行过程中的变更和索赔管理，充分发挥合同在项目实施过程中的履约作用，施工单位和业主之间的关系完全建立在合同关系上，出现的各类矛盾和纠纷都应依据法律和合同文件来解决。索赔和反索赔都是在合同履行过程中经常遇到的事情，索赔也是施工单位的一种权利，不是额外的、不合理的诉求。因此，项目经理要敢于并善于利用合同条款来进行索赔，抓住各种索赔的机会。在施工管理过程中，要积累索赔的一切资料，包括并不局限于图纸、现场照片、天气情况、政策要求、业主指令等，注意索赔的时效性，及时提出索赔的要求，恰当处理索赔谈判，争取索赔的成功。索赔是施工单位提高经济利益、赚取合理利润的重要手段，但是也要谨慎地按照合同要求进行施工，防止业主提出相应的索赔。

这就要求项目经理在项目运行初期，就要把技术提资、合同管理作为重点方面来抓，项目正式开展前，合同基本都已经有了，通过对合同的条款进行分类归档，专项细分，对照项目，解释说明，把原始合同文本变成项目可执行的履约文件，使项目管理人员明确知道各自的合同履约责任在哪里，便于实施全员合同管理。

首先，要求合约管理人员能够准确地解释合同，通过对合同的总体分析和详细分析，形成合同执行文件。合同总体分析的重点是合同协议书和合同文件，把合同规定落实到全局性问题上，详细分析合同，通过制作合同事件表把合同的责任分解到具体施工部位、工序、工种和人员岗位上。

其次，要做好合同交底。通过合约管理部门逐层陈述合同意图、合同要点及合同执行计划，使合同责任落到实处。合约管理人员向项目部全体人员交底，全面陈述合同背景、合同工作范围、合同目标、合同执行计划、各职能部门的执行要点、合同风险防范措施等，并逐层形成合同交底记录。

最后，根据项目经理要求形成合同管理文件，下发各执行人员，指导大家进行合同管理，并开每周、每月进行合同履约的会，提升合同管理成效（图 4-5）。

对于合同管理，很多项目执行得很弱，工程技术人员和工程施工管理人员并不喜欢研究

图 4-5　施工合同交底

合同条款，造成现场工作安排错位，偷工减料发现不了，忽略可以挖掘利润空间的作业内容，管理劳务班组使不上力，这都是学习研究合同条款可以解决的问题。所以，项目经理要经常性地组织项目上的管理人员进行合同学习（图 4-6），让大家知道合同的细节：劳务进场管理人员应该配几名，需要什么资格证书；持证安全员有几名；其他的管理人员配备数量是多少；进场的材料和机械的要求是什么，是否有品牌要求；进场材料的企业检查标准是什么；奖罚的具体条例是什么；工程量、工程款的付款流程和付款比例是什么；图纸做法与合同里的做法判价是否一致，高了还是低了；现场哪些具体工作合同里没有覆盖到。通过几个项目的合约合同的学习，发现很多班组管不动、安排不了，是因为我们的管理人员和现场的劳务管理都不熟悉合同内容，劳务才各种推诿、扯皮、拖拉，其实用好合同条款，劳务怎么会不执行呢？

图 4-6　合同学习

4.2　组织分包进场

4.2.1　分包进场如何立规矩？

项目部应依据分包提交的工程招标投标文件及分包合同，对分包商提供的劳务人员花名册、劳动合同原件、身份证复印件、体检健康证明、技能等级证书等进行验证；对分包进场人员、设备、器械进行验证，以确定是否符合提供的资料及合同规定；填写《分包商进场验证记录》，并收集和保存验证内容的复印件，装订成册。

项目部指导分包商做好施工前的准备工作，安排相关现场管理工程师与分包商管理人员进行对接，开分包商入场交底会（图4-7）。明确现场管理制度、程序、方法、计划。项目部应针对每一个分包商制订相应的管理方案，确定分包商的各类计划、报告、材料的管理程序、时间要求，紧急问题的处理方法，防止分包索赔，并建立反索赔机制。

图 4-7　分包商入场交底会

劳务人员入场前要进行现场管理制度、安全生产、遵章守纪、安全技术交底、劳动保护等内容的教育。

当发现分包商提交的资料的实际情况与其承诺不符时，项目应要求分包商予以纠正或采用其他的弥补措施。

经验证符合要求的分包商由项目部进行入场登记，发放工作牌。项目部按分包合同约定向分包商提供食宿和材料堆放加工场所。

分包方验证要实行动态管理，当分包商的人员、机械设备和监视设备发生异动时，项目部要及时对异动的情况进行验证。

项目部要及时督促分包商及时更新营业执照、资质证书和安全生产许可证，并将更新或经年审的证书复印件提交给项目部。

对分包商进场后对出现的问题不进行纠正且没有其他弥补措施的，应予以严厉处罚直至解除分包合同。项目部从分包商进场开始就要严格管控，树立项目部的规矩，按流程和制度办事，一开始时"放养"，后面就没法再严格管理了。项目经理要向所有管理人员进行宣传（图4-8）。

4.2.2　分包进场需要办理的手续

分包商进场施工前应办理好相应的进场手续：向总包缴纳履约保证金或提供履约保函，并递交规范用工的承诺书。将劳务人员的劳动合同，施工分包合同，缴纳保证金单据，用工制度，工资分配制度，社保证明，该分包工程施工方案、施工计划等提交项目部备案，并签订相应的进场协议文件（表4-1）。

图 4-8　管理人员宣贯会

分包商进场提交资料清单　　　　　　　　　　　　　　　　　表 4-1

序号	资料名称	数量	要求提交时间	接收部门	备注
1	企业资质证书	4 份	进场前	工程室	查原件
2	营业执照	4 份	进场前	工程室	查原件
3	企业法人或法人委托书	4 份	进场前	工程室	查原件
4	企业简介及近两年业绩	4 份	进场前	工程室	原件
5	进京施工许可证	4 份	进场前	工程室	原件
6	安全施工许可证	4 份	进场前	工程室、安全室	查原件
7	项目组织机构图	4 份	进场前	工程室、安全室	查原件
8	项目经理证书	4 套	进场前	工程室、安全室	查原件
9	技术、质量、安全人员证书	4 份	进场前	工程室、安全室	原件
10	通信联系表	4 份	进场前	工程室、安全室	原件
11	入场人员花名册 人员身份证复印件	4 份	进场前	安全室	查原件
12	特种作业证书	4 套	进场前	安全室	查原件
13	健康证	2 份	进场两周前	安全室	查原件
14	施工人员注册备案手续	2 份	进场前	安全室	原件
15	合同备案手续	2 份	进场前	工程室	查原件
16	工程施工应急救援预案	2 份	进场前	安全室	查原件
17	签订消防保卫协议书	4 份	进场前	安全室	原件
18	签订安全管理协议书	4 份	进场前	安全室	原件
19	签订临时用电管理协议书	4 份	进场前	安全室	原件
20	签订环境保护管理协议书	4 份	进场前	安全室	原件
21	缴纳施工保证金：				进场前
	(1)施工保证金包含：安全费、水费、电费、文明施工费等				到材料室办理
	(2)施工保证金进场前必须一次交清				
	(3)水费：××元/t，电费：××元/kWh				

1）持有本项目的施工合同。

2）提供以下资料，交项目工程部及安全部（复印件除查看原件外，要加盖单位红章）：

（1）企业资质证书；

（2）营业执照（复印件加盖企业红章）；

（3）企业法人或法人委托证书；

（4）企业简介及近两年工程业绩；

（5）外省市施工单位进本地区的施工许可证；

（6）分包单位当年年审的安全施工许可证；

（7）项目组织机构图（项目经理、技术员、质量员、安全员、资料员必有，其他人员自定）；

（8）项目经理证书和委托书；

（9）技术、质量、安全、劳动力管理员证书：技术人员的职称证书，质量员、安全员、劳动力管理员的证书原件及复印件；

（10）通信录；

（11）入场人员花名册及人员身份证复印件：根据属地要求办理相应的进城务工人员准入证；

（12）特种人员作业证书：负责本项目施工的特种工人的《特种作业操作证》原件及复印件（机械工、电工、电气焊工等特种人员）；

（13）健康证或体检证明（食堂工作人员，特种作业、高空高处作业人员等）；

（14）施工人员注册备案手续；

（15）合同备案手续；

（16）工程施工应急救援预案；

（17）签订消防保卫协议书；

（18）签订施工安全管理协议书；

（19）签订临时用电管理协议书；

（20）签订环境保护管理协议书；

（21）缴纳施工保证金。

上述要求提交的资料必须真实有效并与合同文件一致，否则后果自负。

上述要求提交的资料完成后，到项目部各部门签订会签表（表4-2）。

入场手续会签栏

表4-2

施工队伍：		性质：	分包：
负责人：		电话：	
总包单位各部门会签意见：			
工程部	日期：		
资料室	日期：		
安全部	日期：		
预算部	日期：		
物资部	日期：		
水电部	日期：		
注：			
以上各部门按照相关手续齐全、符合予以会签			

总包相关部门对分包单位所提交资料进行审查，分包要接受总包入场教育与培训工作（图 4-9）。

图 4-9　入场教育及培训

案例 4-3：

现场的第一个劳务分包进场前，会和项目团队模拟进行一次进场前交底，每个部门分成两队，组成两个大组，第一组的每个部门把劳务进场需求讲出来，包括公司资质，需求方案明细，管理人员架构和要求，进场签订协议，人员入场流程，施工过程中质量、安全文明、成本等管控要求、流程等及奖罚措施，仓库设置，材料进出场流程，水电费如何计取，宿舍区住宿流程等，让劳务知道怎么进来，进来了应该怎么干，干好了奖什么、干不好罚什么，施工中材料进场什么流程，材料退场什么流程，施工工序怎么报验、要做到什么标准、报给谁验收等。等第一组讲完之后，第二组根据第一组讲的内容进行点评，提出不清晰或者可以优化的内容，大家在桌面上进行讨论，形成最后的进场交底清单。

第一个劳务分包正式进场时，项目经理应参加进场交底会，如果流程有问题、有漏项，项目经理在会上就及时增补，让各个部门都熟悉了进场交底的要求以后，每个分包进场交底就可控了，只要查看他们进场交底的内容就行了，看一下会后他们提交的进场交底会议纪要，查看一下是否有明显问题就可以了。

4.3　质量管理工作

4.3.1　项目经理如何做好质量管理工作?

工程项目一般都具有投资大、风险高、周期长等特点，因此施工质量关系到整个建设工程的使用寿命和资金安全性。如何做好工程项目的施工质量管理，是一项需要长期探讨研究的工作。

对于项目经理来说，项目质量的控制不仅对项目负责，而且对企业的发展具有重要的战略意义。项目经理不仅要管理好人、财、物，还要管理好项目的协调和进度，取得一定的经济效益。更重要的是，要做好项目质量控制，创造一定的社会效益，为企业赢得声誉，开拓更为广阔的市场。

事实上，随着项目规模、难度、复杂程度、技术含量、施工过程、各种生产要素配置越来越大、越多越复杂，项目经理的责任也越来越大、越来越重要。因此，项目经理想要管理好项目，就要先管理好人、材、机。

1. 人的管理与控制

人是建筑工程施工的管理者和参与者，是影响工程建设质量的首要因素，人的管理也是施工质量管理的首要任务。施工企业要不断加强对施工人员与技术管理人员的专业技术培训，提升管理人员的职业素养和责任感，并根据建筑工程的实际情况，遵循扬长避短的原则使用人才，以人的工作质量来保障工程质量。

要想提高施工管理水平，必须提高管理意识。由于施工工人流动性大，普遍技术素质差，只注重工作进度，而忽视工程质量，贪图方便，盲目求快，责任性不强，安全意识差，给施工管理带来很大难度，对工人的这些意识和做法要彻底改变。项目经理在提高管理人员意识的基础上，对施工工人也要加强管理。具体的做法是实施一选择、二教育、三管理的原则。

一选择，即对施工工人实行优胜劣汰的原则，对那些安全意识差、技术素质低、不服从管理的生产工人必须淘汰。

二教育，即是对工人上岗前必须实行三级教育，进场前做好各项安全技术交底，并进行签字、按手印确定。对各施工班组工人必须实行奖罚分明的制度，以充分调动工人的积极性，发挥工人的主导作用。对各工种、各项目主要部位操作人员等也要实行岗前培训，考核合格后才能进行上岗作业。

三管理，即是在施工前必须向施工工人做好各项技术交底工作，在施工过程中严格控制好每道工序的成活质量，实行跟踪、监督、记录、复查和抽查工作，从技术措施到实际操作过程中严格把好质量关。坚持自检、互检、抽检相结合；坚持上道工序不合格不进入下一道工序，对特别容易发生质量通病的工种及工序进行专人跟踪检查，以强制的手段来克制质量通病的产生，改变不规范的做法。

2. 建筑材料的管理与控制

建筑材料是工程建设的重要组成部分，是影响工程施工质量的最关键因素，建筑材料质量的高低、好坏也就决定了工程的施工质量。项目部要加强对建筑材料成品、半成品以及构配件的准入管理和控制，为提升工程施工质量奠定基础。针对材料进场计划的审核，材料进场的验收，以及过程中的领料使用，最后到产品的成品保护，每一道工序都要认真检查验收，留好影像资料，确保原材料、半成品最终保质保量地交付。

3. 机械的管理与控制

在各类建设工程活动中，机械设备作为工程建设施工的关键载体，在施工的过程中要根据施工场地情况、工程项目的结构特征、施工技术要求及经济性目标等因素合理选择机械种类和性能指标，要由专业的操作人员严格按照操作规程进行操作和使用，并加强施工机械的维修和保养工作。与此同时，项目的机械管理员要妥善保管施工机械，实施施工机械领用登记制度，定期进行维护保养，确保施工机械的性能指标满足施工使用要求，从而有效提升工程项目的施工质量。

4. 发挥项目管理效能，有力保障施工质量

项目经理作为项目工程建设的总指挥，肩负着保证工程项目质量的重任。为此，必须以质量立信誉，以管理求效益，强化施工现场管理。要保证工程项目的质量，关键在于保证工程项目在施工作业过程中的质量控制。由于工程项目施工涉及面广，其施工过程是一个极其复杂的综合过程，再加上项目位置固定，生产流动，结构类型不一，以及质量要求、施工方法不同，体形大，整体性强，建设周期长，受自然条件影响大等特点，故施工项目的质量比一般工业产品的质量更加难以控制。因此，必须推行质量保证体系的全面管理。

1）科学管理，建立健全各项管理制度

制定岗位责任制和各项规章制度是项目管理的首要任务和重要部分。项目经理必须重视制度的建立，在施工现场必须抓好督促及落实工作，并要在原有的规章制度基础上，根据该工地的实际情况，建立各个管理人员的岗位责任制，明确管理人员的职责，在管理人员的办公室张贴宣贯图纸，以便对照执行。同时，明确各种小型施工机具、用水用电、大型机械等设备的操作和维修制度，安排专人负责、专人管理，保证各项工作到位，责任落实到位。

项目经理应根据工地的实际情况，建立每日生产协调会、质量问题分析会、技术和安全交底会以及检查考核制度，并建立完善的资料档案制度。强化生产计划管理，根据总进度要求，针对施工实际及时进行纠偏，实现对重要节点的控制，使计划管理处于可控状态。项目经理要建立每日简报制度，将工程情况及时通报各方，并建立阶段性总结制度，加强现场施工管理。

2）组织施工，抓好工程质量和安全管理

项目经理在指挥各项施工工序过程中，必须认真搞好工程质量和安全管理，要把一个施工现场的许多分包组织起来，有节奏地、均衡地进行施工，使其达到工期短、质量好、保安全、成本低的效果，这是一个很复杂的问题，它包括技术、质量、安全、材料、进度和施工现场等各项管理工作。

因此，在施工管理中，必须实行制度化、网络化，理顺公司的各项管理制度，使管理形成制度和流程化。项目经理要经常组织召开各重要分项的质量分析会，一定要将出现质量问题的原因分析透彻，并形成能够执行的质量保证措施，更好地实现对现场施工过程的全面控制。

在工程的管理上要严格按照"三检查、二坚持、一过硬"（自检、互检、复检；坚持按图施工，坚持按规范施工；质量过硬）的方针进行施工，并做到验收合格后挂牌再大面施工，责任到人，措施到位。对质量管理采取攻通病、创优良、上水平的措施，使各个分项工程质量优良，将质量隐患消灭在施工过程的萌芽阶段，对每一道工序都进行验收，提高作业的成活率。力争攻克和排除工程上的渗、漏、壳、裂、倒、毛、糙、塞、污等常见通病，以管理制度来提高工程质量，以技术措施来保证工程质量。

在安全管理方面，要加强安全教育，提高管理人员和民工的安全意识。要舍得花人力、物力、财力搞好安全设施，施工管理人员要尽职尽责。在现场施工中，特别强化"三宝、四口、五临边"的安全教育和防护工作，特别是一些重要的部位，一定要在验收合格后，方可进行下道施工工序。要组织管理人员和工班负责人成立项目消防队，并由项目经理直接指挥。在施工现场要按照标准设置足量的安全警示牌和安全标语及安全防护物品，目的就是要全员动员起来搞好安全生产。

在技术资料管理方面，要让所有现场工程师坚持填写施工日记，把每天的施工情况详细地记录下来，为后续的索赔和反索赔提供重要依据，也是后续工程复盘的重要资料。各类施工技术资料与工程进度同时进行并按类别整理，分别装入资料袋，为准、快、齐地提供竣工验收资料奠定基础。

4.3.2 质量管理重点有哪些方面？

1. 工序质量控制

包括施工操作质量和施工技术管理质量，即：

（1）确定工程质量控制的标准化流程（图4-10）；

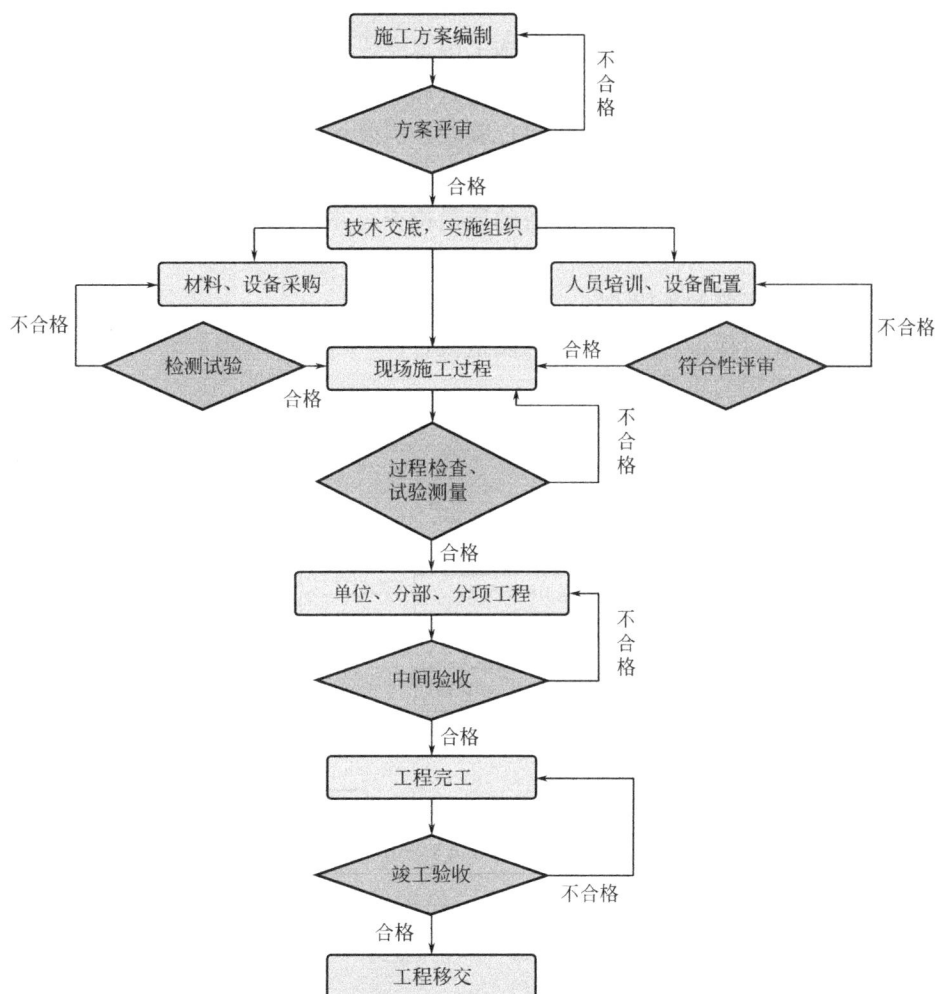

图4-10 工序控制图

（2）主动控制工序的各项条件，主要指影响工序质量的因素；

（3）过程中及时检查工序质量，提出对后续工作的要求和控制措施；

（4）设置工序质量检查的控制点。

2. 设置质量控制点

对技术要求高、施工难度大的某个工序或环节，要设置技术和监督检查的重点，重点控制操作人员、材料、设备、具体的施工工艺等；针对质量通病或容易产生不合格产品的工序，提前制订有效的质量控制措施，安排专人重点把控，及时纠偏；对于新工艺、新材料、新技术也需要特别引起重视。

3. 工程质量的预控

主要针对质量控制点，事先分析在施工中可能发生的质量问题；提前进行质量策划，并提出具有针对性的具体措施，要把项目上相关的管理人员组织起来，包括技术、工程、质量和安全，共同参会，一起讨论、一起分析，如有必要可以将施工队伍中的技术人员组织到一起，共同研究，制订的措施一定要是可以实施的、具有可操作性的。

4. 质量检查

质量检查包括作业人员一个检验批的施工内容完成后的自检，包括班组内的互检，以及各个工序之间的交接检查；再到施工员的检查和质检员的巡视、专项检查；现场各个检查过程发现的问题都整改完成后报监理进行验收，需要报政府工程质量监督部门进行验收的工序和分项工程按照要求申报验收。具体内容见图 4-11。

（1）原材料、半成品、构配件、设备的质量检查，并检查相应的合格证、质量保证书和送检报告；

（2）分项工程施工前的预检；

（3）施工操作质量检查，隐蔽工程的质量检查；

（4）分项分部工程的质量验收；

（5）单位工程的质量验收；

（6）成品保护的质量检查。

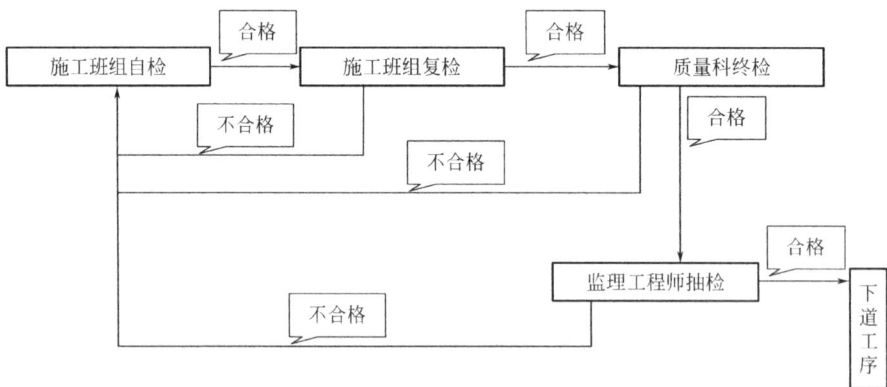

图 4-11　工序流程图

5. 成品保护

项目部应提前制订成品保护方案，对工程实体需要进行成品保护的部位和工序制订具体的保护做法，应简单、便捷、成本低。具体的成品保护主要包括以下内容：

（1）合理安排施工顺序，避免破坏已有成品；

（2）采用适当的保护措施；

（3）加强成品保护的检查工作。

6. 竣工技术资料

主要包括原材料的产品出厂合格证、检验证明及设备维修证明；过程施工记录及图像影像资料；隐蔽工程验收记录；分项工程验收记录、设计变更、技术核定、技术洽商文件；设备的安装调试记录；质检报告；竣工图及竣工验收表等。

7. 质量事故处理

工程实体一旦发生质量事故，要按照质量事故处理方案来执行，总的处理原则是：正确确定事故的性质，是表面的还是实质的，是结构的还是一般的，是紧急的还是治标的；确定正确的处理范围和做法。除直接部分外，还应检查、处理与事故影响范围相邻的结构部分或部件。其基本要求：满足设计要求和业主需求；确保结构的安全可靠，不留任何质量隐患；符合经济合理性原则。其中，一般质量事故由总监理工程师组织进行事故分析，并责成有关单位提出解决办法。重大质量事故，须报告业主、监理主管部门和有关单位，由各方共同解决。

4.4　资料管理工作

4.4.1　项目经理如何做好资料管理工作?

建筑工程资料是工程建设各阶段实施过程中，按规定和要求形成的各种历史记录文件的汇集。工程资料管理是建设工程管理的重要组成部分。那么，如何做好工程项目中的资料管理呢？作为项目经理，一定要建立健全施工资料收集整理的管理制度，以及相应的资料存档流程，确定好不同的施工资料分别由谁编制，谁审核资料的准确性和正确性，谁进行存档，存在哪里，以及如何进行存放管理。项目经理把这几个部分牢牢把握住，才可以管好项目施工资料。

1. 建立健全施工资料的管理部门

施工资料控制分三个等级：项目经理与分管的生产经理签订责任制；技术员与项目经理签订责任制；资料员与技术员签订责任制。各相关人员也需要签订资料工作协调，以及资料流转的负责制。只要施工管理人员责任到位，以及各部门的管理人员积极配合，真正认识到工程建设中工程资料的重要性，就不难杜绝资料和进度不相符、资料滞后于进度等问题，才可以确保资料的及时性与完整性。

2. 认真贯彻执行新标准、新规范

为增强建筑工程施工资料的规范化管理，使其真实地反映工程实体质量与技术管理水平，统一编制建筑工程施工资料的内容与要求，以及建立真实、准确、完整的工程资料，需要各级管理部门为施工资料配备专门的管理人员，经过培训考试合格并具备岗位资格证后，才能从事施工资料的收集、整理、编制与归档工作。

3. 重视工程资料形成过程中的管理工作

应将资料工作融入项目实施、工程建设的整个过程中。管理工程资料，除项目部开展自查自纠外，公司层面的职能部门也应定期、不定期地结合工程质量、工程进度、文明工地考核、安全检查工作，对工程资料形成、日常管理的情况进行跟踪检查，对检查出来的问题，要求项目部定人定要求限期整改。此外，还应系统性、成套性地做好归档文件的资料整理工作，要求竣工文件的资料以项目幢号、工程标段为单位进行收集、整理、归档。为保证资料管理的高效性、时效性，要求从工程竣工验收之日起三个月内向有关资料管理部门移交一套完整的竣工工程资料。

4. 及时做好工程资料收集与记录

工程资料真实反映了建筑实物的质量情况，应根据建筑物施工的进度及时收集、整理各种资料。建筑工程所用的钢材、铝合金、水泥、混凝土等一些重要的原材料与构配件的质量应检查出厂合格证以及材料取样试验情况。为防止施工人员没有及时收集资料，等到工程竣工时才发现缺少了某种材料的试验报告或合格证，在承建工程开工之时，就应编制本工程的资料管理方案，以及取样送检方案。管理工程资料应指定专人负责，对质保资料逐项跟踪收集，及时做好分部分项质量评定等原始记录，使整理资料和工程进度同步。项目经理应定期组织项目内的资料检查工作，确保各项资料按时、完整、不漏项（图 4-12）。

图 4-12　工程资料室

5. 工程项目竣工验收程序与资料管理

1）建筑与结构

基础、主体、屋面、建筑装饰装修工程各材料进场验收并复试合格，见证取样的比例应符合规范要求，各项施工记录、施工试验记录齐全，预拌混凝土合格证齐全，地基验槽工作及时进行且记录手续齐全，结构实体钢筋保护层厚度经检查符合规范要求，混凝土统计评定记录合格，基础、主体工程的各分项、子分部、分部验收合格且记录齐全有效。

2）给水排水及暖通

给水排水、暖通专业各材料进场验收合格，设备开箱记录齐全，保温、节能材料和塑料管材经复试且合格，管道和各系统试验符合设计要求，冲洗、通水、消毒等均已完成且记录齐全，管道和设备安装记录与现场实际相符，各分项、子分部、分部验收合格且记录齐全有效。

3）强弱电

强弱电各系统采用材料、设备符合设计要求，进场验收合格，3C 认证有效，施工记录齐全且与现场相符，绝缘电阻、接地电阻测试符合要求并记录到位，通电安全检查合格，试运行满足使用要求，各分项、子分部、分部验收合格且记录齐全有效。

4）各功能检验及系统试验

屋面淋水、有防水要求的地面蓄水合格并记录齐全，幕墙及外窗三性试验合格，节能、保温系统按规范进行检测并符合设计要求，照明全负荷试验记录齐全，设备和机组试运行合格，消防水、电和防排烟系统联动调试并进行记录等。

5）其他资料

有勘察、设计和工程监理等单位分别签署的质量合格文件，证明各参与方合同范围内的工程符合验收条件。施工单位签署工程保修书，向建设单位提交工程施工竣工报告，提请竣工验收。

4.4.2 每月检查资料重点目录

项目经理每个月要重点组织管理人员对以下重点目录进行检查，确保过程控制资料能够收集编撰齐全：

（1）工程地质勘察报告；

（2）桩基的单桩承载力及桩身完整性的检测记录（报告）；

（3）沉降观测记录（观测点布置图、沉降观测原始记录、沉降值及相对沉降差值、曲线图、分析报告）、变形监测记录；

（4）填土密实度检验记录；

（5）主要材料的质量证明文件及进场复验记录；

（6）混凝土、砌筑砂浆强度试验报告；

（7）各项隐蔽工程检查验收记录；

（8）防水工程的试验记录；

（9）管道工程的施工及试验记录；

（10）通风空调系统的检测、调试记录；

（11）消防系统管道的冲洗试压记录及联动调试记录；

（12）电气系统的测试记录；

（13）各种设备试运行记录；

（14）玻璃幕墙有关资料（设计、施工资质，设计计算书及相关试验报告等）；

（15）重大设计变更（如加层、改变平面等）及施工洽商等；

（16）分部及各分项工程各检验批验收记录。

案例 4-4：

一个正常在施的项目上的资料会比较多，包括技术资料、工程资料、文档资料、安全资料以及公司要求上报的其他各种资料等，要想对项目过程中的各种资料有比较好的控制，会让技术总工每周对项目上的资料进行检查，了解项目内业资料是否齐全、漏项，及时知道各个部门的资料进展情况，然后每两周会在监理例会上提出。一般监理都是本地的，对当地检查或者交档的资料都比较清楚，会让监理提出资料报送中的问题，是否有滞后，是否有漏项，列出清单，项目逐项进行整改销项。关于公司内部流程、内部资料收集情况，每个月会邀请公司相关职能部门对项目各部门以及现场进行资料帮扶检查，将内页资料问题进行地毯式摸排，查漏补缺，这样下来，有个几次检查整改，项目上的资料编制、留档就不会出现大的问题，检查时也不会有漏项。

4.5 生活区、办公区管理工作

（1）施工现场的办公、生活区与作业区要分开设置，并保持安全距离；办公、生活区的选址要符合安全需求。员工的饮食、饮水、休息及娱乐场所等应符合卫生标准。禁止在尚未竣工的建筑物内设置员工集体宿舍。生活区宜避开会产生烟雾、粉尘、噪声等有毒有害物质的作业场所（图 4-13）。

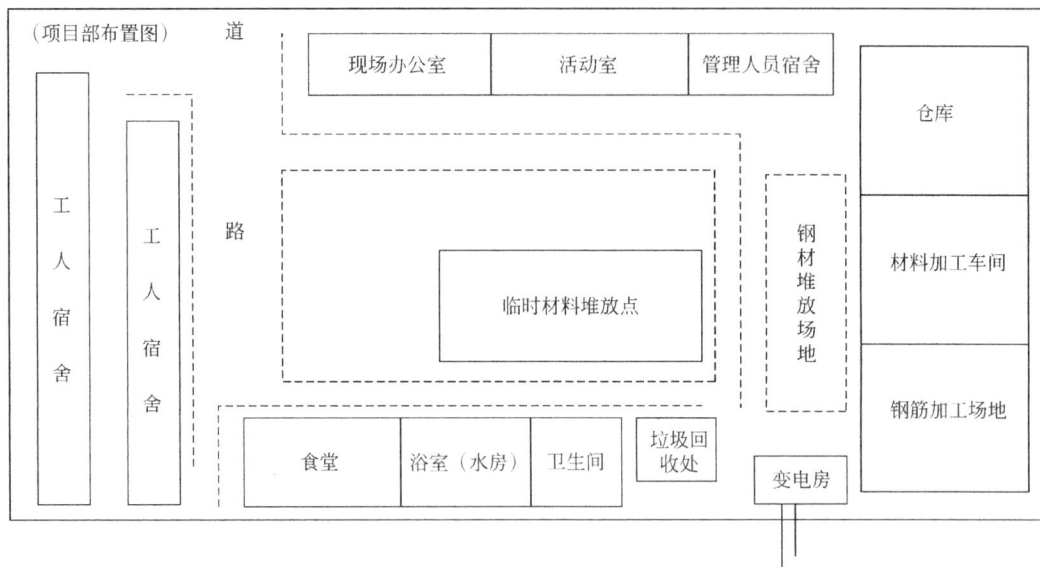

图 4-13 施工平面布置图

（2）在项目部要设置专门的清洁卫生人员，负责生活、办公区环境卫生清扫，定期清运垃圾，并及时处置。厕所应指派专人打扫卫生，定期处理化粪池和喷洒消毒药物，在疫情期间要及时做好消杀通风工作，并留存相应的记录。

（3）办公室应通风、明亮，保持干净卫生、整洁，有关岗位职责、公司制度等相关规定上墙。员工宿舍要符合安全和防火的规定，宿舍内严禁使用大功率电器，安全部定期进行监督检查。

（4）办公和生活区设置集体食堂，位置要远离厕所、建筑作业场所、污水沟及其他污染源。厨房通风、卫生，经常保持清洁，生熟间分隔，员工用餐统一在食堂进行，食堂有专人主管卫生工作，严格执行食品卫生法和有关制度，严禁购买、出售变质食物。疫情期间食堂应按照疫情期间的工作要求执行分餐制。

（5）食堂严格按照《公共场所卫生管理条例》进行管理。食堂做饭人员应经卫生防疫部门健康体检和健康教育合格，取得健康证后方可上岗，并将健康证粘贴在醒目位置。食堂内食品及餐具的卫生符合要求。每月集中清理不得少于2次，生活废弃物每日要妥善处理。根据气候变化及时灭蚊、蝇、鼠。

（6）在办公、生活区周围种植花草、树木，美化环境（图4-14），开展积极健康的文体活动（图4-15）。

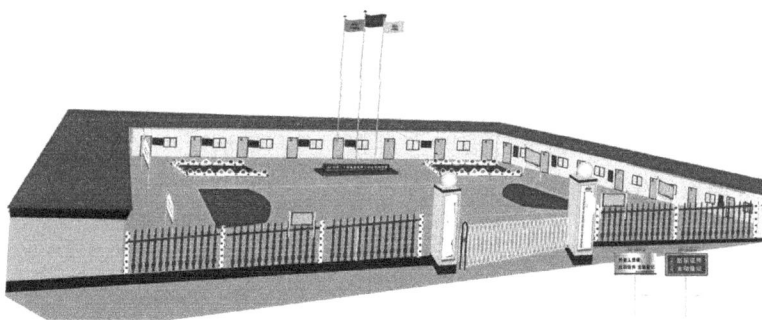

图4-14　项目部办公区

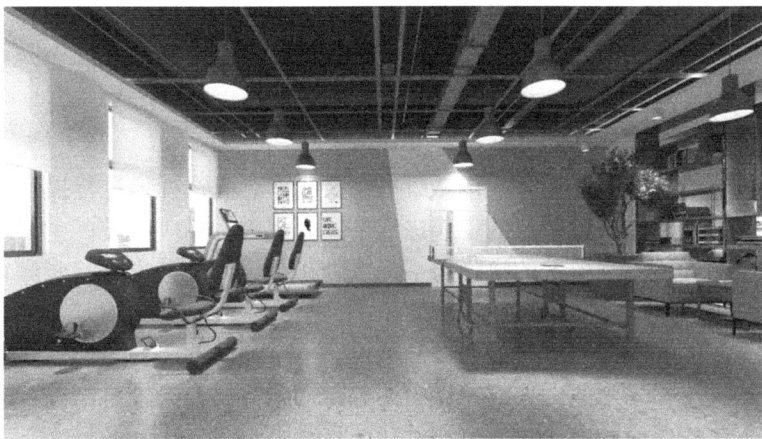

图4-15　项目部文娱区

（7）建立《办公和生活区文明卫生管理制度》，明确划分文明卫生管理责任区，定期组织检查，发现问题及时解决；并按《中华人民共和国水污染防治法》《中华人民共和国固体废物污染环境防治法》等法律的规定，对办公、生活区废弃物、污水、废气排放及噪声进行有效控制，确保达到国家标准。

📖 **案例 4-5：** ┈┈┈┈┈┈┈┈┈┈┈┈┈┈┈┈┈┈┈┈┈┈┈┈┈┈┈┈┈┈┈┈┈┈

生活区属于人员密集型场所，对消防安全和环境卫生要求更严一点，既要保证大家的日常休息、住宿，又要保持场所内干净、卫生、整洁，而且还要确保消防通道、消防设施有效，确保人员安全。生活区要安排劳动力管理员专人负责管理，并且安全部和机电部各有一人作为副手。每个礼拜要对生活区进行全方位的检查，包括用电安全、饮食安全、食堂营业执照和食品留样、雨污分离排放、宿舍内外环境卫生、消防通道、消防设施等，并形成检查记录报到项目经理处，且快速安排专人进行整改落实，项目经理要不定期地去生活区进行抽查检查，保证工人下班后的生活状况良好，以更好的状态投入工作中去。

📖 **案例 4-6：** ┈┈┈┈┈┈┈┈┈┈┈┈┈┈┈┈┈┈┈┈┈┈┈┈┈┈┈┈┈┈┈┈┈┈

项目经理布置下去的工作一定要有检查，制度和流程再好，下面的管理人员不去执行、不去落地，最后还是一团糟。作为项目经理，应不定期组织一次生活区的大检查，从消防通道、消防水、灭火器设置，到宿舍用电，是否有大功率电器、私拉乱接现象，再到食堂卫生、留样情况，以及场地清洁、排水排污情况，项目经理一定要边边角角检查到位。如果项目经理不亲自走遍每个角落，很多管理人员就只会是走马观花填个单子应付了事。对于生活区管理，项目经理一定要亲力亲为，只有生活区干净整洁、安全卫生，才能让工人师傅更好地投入生产当中。

4.6 团队管理工作

4.6.1 项目经理每天要做什么？

项目经理每天要做什么，才能对现场的进度、质量、安全等做到心中有数，及时对现场出现的各类问题进行有效的处理？

（1）总结当天的各项计划完成情况，并作出相应的批示；

（2）对照周进度计划盘点明天应该做哪些主要工作，有选择地进行提前提醒；

（3）了解每个班组或分包单位的工作进展情况，并进行相应指导；

（4）提前考虑到施工过程中的缺陷与不足之处，并想出改善方法与步骤，且及时对下属进行交底；

（5）每天必须看各个部门上报的报表和清单，了解各个部门的工作进展程度；

（6）考虑当天工作当中的失误或者做得不到位的地方，及时进行纠偏、指正；

（7）看当天工作完成的质量与效率是否还能提高；

（8）梳理应该审批的各项资料和文件。

📖 **案例 4-7：** ┈┈┈┈┈┈┈┈┈┈┈┈┈┈┈┈┈┈┈┈┈┈┈┈┈┈┈┈┈┈┈┈┈┈

项目经理每天的工作比较多，很多需要处理的问题都是突发性、随机性的，对于紧急又重要的这些问题都是碰到就着手去解决。对于一些重要的不紧急的事项一定要有自己的日销清单，每天上班后对前一日工作进行复盘，检查是否还有工作没有完成，理一理今天有哪些工作要去开展，哪些作业面要去检查，哪些部位需要去复核，排好各项事情的先后顺序，合理利用好自己的时间。这样项目经理才可以对现场的进度、质量、安全文明状态有比较清晰的了解，然后再进行任务安排。

4.6.2　项目经理每月要做什么？

项目经理每个月都有一些固定的工作清单：

（1）提交月度工程量确认清单，申请甲方拨付工程款；

（2）对各个项目部成员、班组的工作进行月度考核；

（3）进行自我考核一次；

（4）反思当月项目管理上的不足，开月度工作讨论会，并形成文件下发执行；

（5）根据月总体工作进度情况，制定工程月报；

（6）制订下个月度的工作计划。

案例 4-8：- -

项目经理每个月都有需要完成的重要工作，很多月度要完成的工作都有时间节点，根据工作的重要性和完成节点，要有月度销项计划，可以在月初将本月需要完成的重要事项在办公桌日历上进行标注，也可以借助手机的日历提醒功能，在适当的时候进行提醒，确保每项工作能够按时去开展，不至于忘记重要的工作而造成项目损失。

4.6.3　项目经理如何做好团建工作？

把一大帮管理人员组织起来实现项目目标是一个持续不断的过程，它是项目经理和项目团队的共同职责。团队建设能创造一种开放和自信的气氛，成员有统一感、归属感，造就一种强烈的愿景为实现项目目标作出贡献。

使团队成员社会化会促进团队建设，团队成员之间相互了解越深入，团队建设得就越出色。项目经理要确保全体成员能经常相互交流沟通，并为促进团队成员间的社会化创造条件。团队成员也要努力创造出这样的条件。

项目团队可以要求团队成员在项目过程期间，被安排在同一个办公环境下进行工作，当团队成员被安排到一起时，他们就会有许多机会走到彼此的工作区进行交谈。同样，他们会在如走廊这样的公共场所经常地碰面，从而有机会在一起交谈。谈论未必总是围绕工作。团队成员很有必要在不引起反感的情况下，了解彼此的个人情况。项目进展过程中会发展起许多个人的友谊。安排整个团队在一起工作，就不会出现因为团队一部分成员在不同的办公区或者不同的地方工作而产生"我们对他们"的思想。这种情形会导致项目团队成为一些小团体，而非一个大团队。

项目团队是指一组互相依赖的人员齐心协力进行工作，以实现项目目标。要使这些成员发展成为一个有效协作的团队，既要项目经理付出努力，也需要项目团队中每位成员的付出。有成效的团队特点包括：对项目目标的清晰理解、对每位成员角色和职责的明确期望、目标导向、高度的合作互助、高度信任。

1. 对项目目标的清晰理解

为使项目团队工作有成效，要高度明确工作范围、质量标准、预算和进度计划。对于要实现的项目目标，每个团队成员必须对这一结果以及由此带来的益处有共同的设想。

2. 对每位成员的角色和职责的明确期望

有成效的项目团队的成员要参与制订项目的总体计划和阶段性的目标，这样他们就能知道怎样与他们的工作结合起来。

3. 目标导向

有成效的项目团队中的每位成员都强烈希望为取得项目目标努力付出。为树立一个良好的典范，项目经理需要为大家确定努力工作的标准，以使团队成员能积极热情地为项目成功付出必要的时间和努力。例如，为使项目按计划进行，必要时成员愿意加班、牺牲周末时间来完成工作。

4. 高度的合作互助

一个有成效的项目团队通常要进行开放、坦诚而及时的沟通。成员愿意交流信息、想法及感情。他们不羞于寻求其他成员的帮助，成员能成为彼此的力量和源泉，而不仅限于完成分派给自己的任务。他们希望看到其他成员成功地完成任务，并愿意在他们陷入困境或停滞不前时提供帮助。他们能相互接受彼此的反馈及建议性的批评。基于这样的合作，团队就能在解决问题时有创造性，并能及时作出决策。

5. 高度信任

一个有成效的团队的成员能理解他们之间的相互依赖性，承认团队中的每位成员都是项目成功的重要因素。每位成员都可以相信其他人，做他们要做的和想做的事情，而且会按预期标准完成。团队成员互相关心，由于承认彼此存在的差异，成员就会感到自我的存在。要鼓励有不同的意见，并允许自由地表达出来，要尊重这些意见。成员能够不怕遭到报复，大胆提出一些可能产生争议或冲突的问题。有成效的项目团队解决问题的方法是通过建设性的、及时的反馈，积极地正视问题。冲突是无法压制的，相反，要以积极的态度对待它，把它当作成长和学习的机会。

📖 **案例 4-9：** --

关于项目团队管理，一定是一个大团队，而不是分解成各个小团伙，所以对项目成员的日常管理一般每个月都会有固定的一些动作，比如每天随机喊几个当天碰见次数比较多的同事，到办公室里聊聊近期的工作，工作中遇到的问题，哪些问题难以解决，现场劳务管理中的问题，以及他个人的一些爱好等，尤其是要不经意地问以下几个问题：

（1）目前的项目管理有哪些需要提升的地方；

（2）哪些部门人员有盈余，也就是人多活少；

（3）有没有团队中不太和谐的同事或者部门；

（4）现场劳务管理有没有管不动的情形等。

这样就对项目内部和外部有了比较清晰的了解，把这些反馈的问题记录下来，慢慢去观察，要想这些员工把真实的情况告诉你，那一定要坦诚地去交流，尊重大家不同的想法。很多同事对于一些外部管理的东西都会侃侃而谈，对项目内部自身的问题就不太愿意讲出来。可以在会议室和食堂放置一个意见箱，大家匿名写纸条，每周会整理一下内容，这样就会让项目中很多藏着的问题暴露出来。当大部分员工访谈一遍之后，项目上的大事小事就都出来了，再针对性地进行团队建设等，开展一些团队参与的活动，让所有同事把力往一处使，提升团队凝聚力，共同应对项目中突发的问题。

4.7 安全管理工作

4.7.1 如何做好安全管理？

安全生产管理工作是一项系统工程，贯穿于工程项目施工的全过程，安全隐患和危险源也会如影随形，始终存在于施工全过程当中。搞好安全管理工作，是在建工程项目经理极其重要的工作任务之一，来不得半点的松懈和麻痹。

（1）落实安全责任。项目经理要做落实安全生产责任制和执行各项安全生产制度的带头人。一旦项目部组建成立，有针对性的安全生产责任制和各项安全生产制度就必须及时制定出来，并具体自上而下地落实到管理团队、班组和操作者个人。作为项目经理，一个动作、一个神态，都要做执行制度的带头人，因为己不正就不能正人。

（2）营造安全氛围。项目经理首先必做的就是布置好工程项目部，让各项安全生产责任制、安全生产管理制度、安全生产管理措施、各项安全生产操作章程上墙。同时，布置好施工现场，不管工地战线有多长，范围有多大，哪里有施工现场哪里就有安全生产宣传标识。通过这种无死角的安全宣传让安全生产理念深入人心，达到预防为主的目的。

（3）加强安全教育培训。教育培训是项目部安全施工工作的重要内容，坚持安全培训制度，对搞好施工队伍的安全和提高安全施工生产率有重大作用。组织施工一线人员及新到岗人员集中学习安全理论知识，根据实际情况制定安全生产培训重点内容，有效对现场施工管理人员和作业人员进行施工安全、施工工艺标准以及规范方面的培训，提高作业人员的安全素质，并且要掌握必备的安全生产知识，增强预防事故的应急处理能力。

（4）加大安全投入。在施工中只要觉得有安全隐患的地方，都要毫不犹豫地去采取措施加以预防。做到处处有安全防护，处处有安全标志，处处有专职安全人员，虽然无形中加大了项目部的安全投入，但我们换来的是无事故的安全生产。

（5）严格按照操作章程进行作业。以严格的安全生产检查和奖惩措施加以保障。国家颁布的安全生产操作章程，是几代人血的教训和经验的总结，是广大专家的研究成果，是无数生产者聪明才智的结晶。施工作业要不折不扣地遵守操作章程，就能避免和减少各类生产事故的发生。

（6）加强个体防护。从真正意义上做到关爱生命，项目部在施工过程当中，认真做到根据不同工种的法定要求，按时发放劳保用品，以防止各种职业病和安全生产事故的发生。进入工地必戴安全帽，高空作业必配安全带和安全鞋，做好施工作业人员的个人防护工作。

4.7.2 关注文明施工细节都有哪些？

项目经理日常在文明施工上也要下功夫，一个干净整洁的施工现场也会营造更安全的施工氛围，而这个恰恰是施工作业人员常常忽视的地方。垃圾及时清运，易燃物易爆品放置在指定的位置，使用完后要立即清出施工现场。项目经理日常要重点关注以下四个方面。

1. 检查各项安全生产管理制度是否有落实

（1）安全生产责任制度——核心；

（2）安全教育制度——特种作业（登高、电工）；

（3）三级安全教育（公司级、部门级、班组级）；

（4）安全检查制度；

（5）安全措施计划制度；

（6）安全监察制度；

（7）伤亡事故和职业病统计报告处理制度；

（8）"三同时"制度；

（9）安全生产法规定：生产经营单位新建、改建、扩建工程项目的安全设施必须与主体工程同时设计、同时施工、同时投入生产和使用。

2. 对日常危险源的辨识与风险评价有没有做到常态化

根据危险源在事故发生发展中的作用把危险源分为两大类：

第一类危险源是事故发生的物理本质，一般地说，系统具有的能量越大，存在的危险物质越多，则其潜在的危险性和危害性也就越大。例如，设备在通电后带电导体的电能，日常施工中机械和车辆的动能，各类辐射能等。

第二类危险源主要体现在设备故障或缺陷（物的不安全状态）、人为失误（人的不安全行为）和管理缺陷等几个方面。

项目经理日常要对安全管理人员危险源辨识以及处理进行检查，了解项目当前进度下危险源的具体情况，并对现场危险源进行重点巡查，检查安全管理是否到位，作业班组是否采取了必要的防护措施。

3. 仓库、堆场是否按照标准进行设置

关于施工现场仓库和材料堆场的形象是否美观大方、安全有效，对传统工地现场文明施工起着至关重要的作用，对施工现场的仓库和堆场，必须经过项目部管理人员的集思广益，进行严谨的考量，确定项目全周期的场地布置，将不同阶段的材料堆场、仓库、垃圾清运点设置好，方便管理。布置好的仓库及堆场，还需要制定相应的管理制度，划分管理人员及分包管理人员包干区，对各自的仓库及材料堆场做好日常管理工作，保证仓库和堆场灭火设施到位，消防路线上没有遮蔽物，每天应进行巡查，确保安全。

建立健全施工现场、生活区、办公区安全文明管理制度，加强对施工人员的教育，确保大家的文明施工行为。

4. 工完场清情况

项目经理要宣贯作业面必须做到工完场清的制度，不同的作业面、不同的作业班组，当日施工完成之后，必须无条件将作业面的垃圾、危险品、易燃物进行统一清理，确保作业面干净、整洁、安全。

案例 4-10：

关于安全文明管理，我也有一些心得，安全文明无非就是确保施工现场静态、动态都是安全的，场地的文明形象好，道路规划有序、材料堆放整齐、地面干净卫生，再加上一些标识、标语和亮点，让大家一进入现场就会自发地注重自己的安全文明行为。

好的安全文明工地不是随便弄弄就能形成的，一定是有一个周密翔实的策划，道路、塔式起重机、人货笼、仓库、安全通道、讲评台、茶水亭、厕所、架泵点、砂浆罐等，这些要在开工前就按照地下阶段、地上阶段、初装修阶段、小市政施工阶段进行设置，提前全盘策划，过程中再不断进行优化，增加相应的安全文明亮点，这是静态的布置。

4.8 进度管理工作

4.8.1 项目经理如何平衡进度、质量、安全管理工作?

做工程项目的理想状态是：质量好、进度快、成本低，但这三者之间的关系是相互关联、相互制约，这就是经常说的项目铁三角。质量是项目的基石，进度把控保障项目能够按期完工，项目的成本控制是企业的利益保障，平衡好它们的关系尤为重要。工程项目管理中进度、成本和质量如何平衡是许多企业面临的问题，也是项目经理的必修课。首先我们要了解这三者之间的关系。

进度与成本的关系：在追求进度的提高时，成本一定也会相应增加。例如，为了赶进度而赶工则需要支付加班费，而且如果只注重进度不注重质量容易造成返工；项目有最经济的成本周期，在某一个时段完成，各项花费最少。追求最低成本，往往以适当的进度延长为代价。进度太长，则效率低下。

进度与质量的关系：追求短时间完成，错误率、返工率会急剧增加，质量必然下降；如果项目时间太长，工作压力不够，又拖拖拉拉，也会造成返工和错误率上升；合适的进度，低错误率，工程施工节奏稳定，时间充裕，能保证质量。

进度、成本、质量三者相互制约、相互影响、相互作用，各目标互补。那如何平衡好进度、成本、质量三者之间的关系呢？项目经理可以从以下几点着手解决：

第一步，根据项目类型，结合企业实际情况，判断此项目的目标是让企业盈利、增加知名度，还是打造标杆客户等，有了确定的目标才能找到合适的方案。合适的方案可以给后续行动进行科学的指导，更有利于进行进度、成本与质量的把控。

第二步，根据公司目标，任命项目经理，组建项目团队，做好前期项目启动工作，如项目交底会、项目总体策划，确定各阶段的项目里程碑节点、项目目标等，借助工程项目管理软件管理好项目。加强项目管理便于预测项目风险，一旦发现问题，及时调整策略。

第三步，严格执行项目计划，做好 PDCA 循环（图 4-16），即计划（Plan）、实施（Do）、检查（Check）、处理（Action）。出现问题及时纠偏，不断调整偏差，同时做好项目内外部协调工作，保证实际工作按计划严格执行。

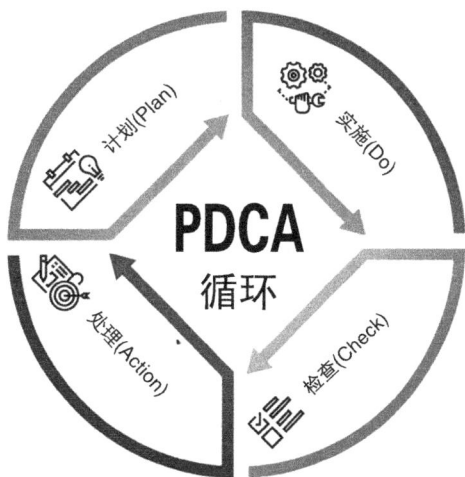

图 4-16 PDCA 循环

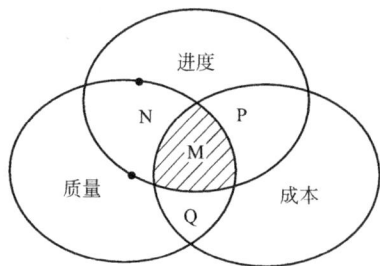

图 4-17 进度、质量、成本关系图

最终，在进度、成本、质量中找到平衡点，让三者平衡。很多时候，由于内部和外部的各种因素，导致项目和之前设想的有偏差，这就使得项目经理在项目管理过程中需要根据现场实际情况进行抉择（图 4-17）。

4.8.2 如何组织人、材、机等资源？

施工现场管理是在工程项目由设计蓝图转化为工程实体的进程中，根据现场的地形状况、水文地质条件、气候环境合理地组织和安排人力、材料、机械设备，利用科学的方法和管理手段，保证项目既定的质量、安全、进度等各项目标实现的过程，是工程项目管理的关键部分。只有加强施工现场管理，才能保证工程质量、降低成本、缩短工期，提高建筑企业在市场中的竞争力。因为施工环境不同，工程规模各异，所以项目经理需要从以下几个方面着手组织协调好各施工现场所共有的人、材、机等资源。

1. 施工现场人员管理

施工现场人员管理，是规范现场管理秩序，提高施工现场管理水平的首要环节。做好施工现场人员管理：

（1）应完善和强化岗位职责，推行项目经营责任制。大多数项目管理人员经济观念不强，表面上职责分工明确，各尽其职，但实际上缺乏协调配合，忽视了成本管理核心等，这些都会加大工程成本，降低施工企业的利润。因此，积极推行项目经营责任制，不断完善项目内部的岗位职责，树立全员经营意识，建立起一套责权利相结合的项目成本管理制度，对于加强成本、降低造价具有非常重要的作用。

（2）要充分考虑员工的需求因素，尊重现场管理人员，关心工人，实行沟通式管理。在管理制度的制定上要根据施工现场管理的需要并结合员工的心理、行为表现，且不断修正。其目的是极大限度地开发员工的潜力，提高企业和项目管理部对员工的凝聚力和对外界人才的吸引力。

（3）要重视教育培训在施工现场人员管理中的作用，通过思想意识、专业技能等的培训和学习，优化并修正既有人员配备，提升项目人员整体管理和操作水平。

2. 施工现场材料管理

施工现场材料管理是施工项目的成本管理中心，要控制好施工项目的成本，首先必须抓住"材料成本"这个关键环节。具体可以从如何提高施工估料的准确性、降低材料消耗、杜绝材料浪费、减少库存积压几个方面入手，达到节约工程成本、提高经济效益的目的。

首先，根据施工图纸准确地计算出所需的材料、配件，把好现场材料管理的第一关。可运用材料 ABC 分类法进行估料审核（表 4-3），即根据工程材料的特点，将需用量大、占用资金多、专用材料或备料难度大的材料称为 A 类材料；将资金占用少、需用量小、比较次要的材料称为 C 类材料；对处于中间状态的通用主材、资金占用属中等的辅材称为 B 类材料。

ABC 分类法			表 4-3
	A 类物资	B 类物资	C 类物资
品种种类占总品种数的比例	约 10%	约 20%	约 70%
价值占存货总价值的比例	约 70%	约 20%	约 10%

A 类材料必须严格按照设计施工图,逐项进行认真仔细的审核,做到规格、型号、数量完全准确;C 类材料,可采用较为简便的系数调整办法加以控制;B 类材料估料审核时一般按常规的计算公式和预算定额含量确定。同时,严格筛选材料供应商,建立供应商档案资料,严把进料关。

其次,在做好技术交底的同时做好用料交底。由于施工项目的不同、用途不同,对于施工项目的技术质量要求、材料的使用也有所区别。因此,施工技术管理人员除了充分了解施工图纸,吃透设计思想并按规范规程向施工作业班组进行技术质量交底外,还必须将自己的施工估料意图告知给现场本单位的施工材料管理人员,做好用料交底,防止班组下料时长料短用、整料零用、优料"劣"用,把材料消耗降到最低限度。

再次,周密安排周、月要料计划,执行限额领料。根据施工程序及工程形象进度周密安排分阶段的要料计划,降低库存、防止错发、滥发等无计划用料,从源头上做到材料的"有的放矢"。

最后,认真处理边角余料的回收。边角料的回收是施工材料成本控制不可忽视的最终环节。对边角料的材质分别进行回收堆放,以便再加利用。

3. 施工现场机械设备管理

施工现场机械设备管理在工程项目中具有重要的意义,只有强化项目施工机械管理,才能提高机务人员的服务意识、配合意识和安全意识,对工程建设起到积极的推动作用。

1)机械设备管理必须有明确的目标定位。具体为:

(1)项目施工机械一定要保证项目施工顺利完成;

(2)项目施工机械管理要克服短期行为,工程结束后机械不应处于病态,而是完好地撤离;

(3)项目施工机械管理,要以人为本,发挥人的主动性和创造性,通过管好人来管好机械。

2)项目施工机械管理要兼顾机械维修保养与使用。在机械保养方面,建立保养制度,跟踪检查,尤其是进入冬季,更要加大机械的保养力度,并教育职工提高对机械的保养意识。在机械使用方面,以提高机械完好率为基础,全面提高机械的利用率;在提高利用率的基础上,还要挖掘机械使用效率。

3)项目施工机械管理必须把机械安全运行列为重中之重。

4.8.3 项目经理必懂的工期滞后原因分析

为确保工期,对影响进度的关键因素逐一进行分析,是项目经理必懂的基本要求,以便随时检讨施工进度管理工作。

1. 设备因素

主要表现:(1)设备进场不及时;(2)运行状态不好。

对策：

（1）做好关键设备如挖掘机、发电机、搅拌机、塔式起重机、施工电梯等机械进场安装计划。安装计划应包括设备运输、安装与调试以及过程中必要的资料报备时间，并考虑不利天气因素。

（2）加强设备维护。专人定期检查、维修。合理选择、配置施工机械，做好维护检修工作，保持机械设备的良好技术状态。

2. 材料因素

主要表现：①材料采购进场不及时；②质量不符合要求。

1）订货不及时

工程施工过程中，往往因为材料的不及时到场而造成停工，有一部分又是因为材料计划的不及时而造成订货的不及时。项目部应及早及时、准确地拿出材料采购计划，以免延误订货时间。

2）材料不符合设计要求

材料不符合设计要求，到现场后不能使用，影响工程进展。项目部应安排技术人员到材料供应商厂家现场蹲点，保证到现场的施工材料为满足设计要求的合格品。

3）现场保管不善而损坏

对于到现场的材料，一部分用于施工部位；一部分材料要堆放一段时间，在现场堆放过程中，由于施工或其他原因造成材料的损坏，影响工期。项目部应将到场的材料安排到较封闭的场地存放，并且，对于重要的材料应安排专人二十四小时看守。

4）供货商选择不当

工程施工中会有许多材料供应厂家，如果选择的供应商不当，会影响进度。需要项目经理仔细考察材料供应商，确保项目施工阶段不掉链子。

3. 人员因素

主要表现：①施工作业人员不足；②各工种间人员数量不匹配。

1）缺少有经验、经培训合格的班组长，劳动力素质低

项目施工在具备了优质材料、先进机具设备后，要想做出精品，那么施工队伍的劳动力素质就显得极为重要。如果施工班组缺少经验、素质低，施工就会不熟练，甚至还会不断出错，施工质量难以保证。

2）劳动力未按计划调配

如果劳动力不能按计划进行调配，也将会影响工期。工程开工前项目部会制订详细的劳动力计划，如果不能及时地按计划调配，短期目标就很难实现，那么就会影响总体工期目标。必须储备充足的劳动力队伍，这样一旦按预定计划应到位的施工队伍没有到位，那么就可以立即替换，保证现场施工不受影响。

对于劳务分包、作业班组，项目经理在项目启动前需要进行摸排，挑选具有多年施工经验、沟通合作顺畅的队伍进场。

4. 设计因素

主要表现：①施工图纸供应不上；②变更频繁，前后矛盾。

（1）根据施工进度情况，提前书面致函甲方提供图纸；

（2）收到图纸或变更通知及时组织技术人员研究，对所造成影响之材料及时整理；

（3）因设计问题而造成工期延误、停工窝工等损失的，应在规定的时限内（一般为三天）书面致函业主项目部。

5. 配套工程

主要表现：①配套工程跟不上；②协调不力，衔接不好。

对策：（1）根据总工期或进度情况制订和修订各专业施工进度计划；

（2）要求各专业施工队根据总进度计划，编制专业施工详细进度计划表；

（3）审核专业工程进度计划，对所有穿插施工的项目，明确工作场地交接日期；

（4）对专业工程进度计划中可能延误的工作（如到货期等），应有意识地安排于主要后续工作之前；

（5）定期召开各专业施工队的进度协调会，并形成会议纪要。

6. 资金因素

主要表现：到位不及时。

对策：（1）由专人负责于每月 25 日前将进度款申请报告交甲方代表，进度款中包括月度施工完成工程月报。

（2）及时做好资金使用计划，合理安排支出。

7. 影响工期的其他因素

1）业主因素

如因业主使用要求改变而进行设计变更；应提供的施工现场条件不能及时提供或所提供的场地不能满足工程正常需要；不能及时向施工承包单位或材料供应商支付工程款等。

2）自然环境因素

如复杂的地质条件；不明的地下埋藏文物的保护、处理；不可抗拒的天气条件如大风、暴雨、冰雹、霜冻等影响苗木生长及种植的条件等。

3）社会环境因素

如其他临近施工单位对苗木种植的干扰；节假日交通、市容整顿的限制；临时停水、停电、断路；外界社会分子的扰乱等。

4）组织管理因素

如向有关部门提出各种申请审批手续的延误；合同签订时遗漏条款、表述失当；计划安排不周全，组织协调不力，导致停工等料、相关作业脱节；各环节之间交叉作业、配合上发生矛盾等。

5）质量/安全因素

质量事故或工伤对项目进度效益影响极大，必须按有关规定严格执行。

6）进度管理

主要不良表现：①缺乏总控计划统筹管理；②计划缺乏指导性；③管理人员力量不足；④不重视统计工作等。

对策：主要办法包括做好计划安排；做好报表系统；建立例会制度等。分述如下：

（1）计划安排：根据工程工期紧的特点，采取分阶段计划形式。

总进度计划表——编制时间：项目初期，每月 1 日调整；

编制：施工技术部编制，项目经理要进行审核；

执行：各部门、各施工队、各班组。

月进度计划表——编制时间：每月1日；

编制：工程部编制，项目经理要进行审核；

执行：各部门、各施工队、各班组。

周进度计划表——编制时间：周日；

编制：工程部编制，项目经理要进行审核；

执行：各部门、各施工队、各班组。

（2）统计工作安排：统计工作由项目经理安排专人负责。应注意做好施工日记、周报、月报等报表。

（3）工程例会制度：为能及时贯彻甲方和监理的要求，加强进度控制，实行各种例会制度。

每日碰头会——召集：项目经理；时间：每日下午6：30；参加人员：主要技术与生产负责人；主要议题：当日进度质量情况、每日施工安排、注意事项等。

每周例会——召集：项目经理；主要议题：进度、质量、安全生产情况、合约执行情况、物料供应情况、行政、决议事项等。

月度例会——召集：项目经理；时间：每月月底；参加人员：主要技术与生产负责人，并邀请甲方、监理参加；主要议题：本月施工总结、进度、质量、物料供应、设备状况、设计图纸问题、下月施工进度计划、决议事项等。

这些内容都是项目经理在工期管理中需要重点关注，并且要带领大家一起去解决的影响工期的问题，只有考虑周全，策划完善，才能应对这些影响工期的各个因素。

4.9　商务管理工作

4.9.1　项目经理如何做好洽商管理工作？

为规范项目部工程洽商的管理，鼓励项目管理人员的工作积极性和主动性，增加工程利润，提高公司经济效益，项目经理一定要做好洽商管理工作。工程洽商是在施工现场发生的与施工图纸、投标报价和施工合同发生变更的经现场几方共同确认的关于本工程的经济、技术性文件。它是工程结算和工程施工的依据。这里所说的洽商管理一般包含能够给公司增加经济效益的部分内容。

项目经理是本项目洽商工作的第一责任人，一定要明确各个部门的工作职责，提高各个部门的沟通质量。

项目技术负责人具体执行，负责设计变更通知单和现场变更洽商的提报、收集、整理、编目和归档等工作。项目部专业技术人员负责本专业设计变更和现场变更洽商并及时向项目技术负责人汇总等工作。

工程管理部是洽商工作的直管部门，负责工程洽商的收集、审查并提出初步考核指标建议等。

预算管理部负责工程洽商的上报、核算、结算等工作。

财务部负责洽商考核指标的审核及考核兑现等。

项目经理要想做好洽商管理，一定要把握好流程和制度，各个部门做好自己的洽商管理工作，形成项目固有的洽商流程，避免出现拿着图纸只管干、不管算的情况发生，项目经理应经常开展项目经营协调会，保证阶段性的洽商工作能够及时落实。

案例 4-11：

每隔两周，我都会组织一次关于洽商管理的专项会议，技术、质量、工程、商务管理人员参会，把现场已经做的和图纸不相符的内容，需要更改的还没做的，做了还没有下发图纸的，在会议上要有具体的措施，确保这些内容所有相关部门知晓，并形成会议纪要，及时要求相关方提供必要的图纸及其他文件，定时间将洽商手续文件补齐，确保后期能够把相应费用要回来。

4.9.2 项目经理如何做好变更管理工作？

在任何一个项目中，几乎都会发生大大小小的变更，发生变更并不可怕，可怕的是面对变更时不知道该怎么做。所以，在处理变更时，项目经理最好仔细考虑以下这几个问题：为什么会变更？变更是不是必要的？它会带来哪些影响？需要承担多大的风险？

当然，除了思考这些问题，我们更应该知道当发生变更时应该如何应对。

一般来说，变更管理的程序包括下面几个步骤。

（1）了解变更的原因及意向

项目经理首先要弄清楚变更的原因和内容是什么，这一步其实是在定义问题，只有正确定义了变更的问题，项目才能顺利地得到解决；相反，如果不能正确地定义问题，就很可能会用正确的方法解决错误的问题。

（2）评价变更产生的影响

这是指变更对项目某方面的影响以及对整个项目的综合影响，比如对于某一个进度变更，首先要评价它对项目总工期的影响，然后再评价它对项目成本、质量、范围、团队士气等方面的综合影响。

（3）设计备选方案

变更的方法不是唯一的，我们需要的是最优的方案，在设计时多一些备选方案更有利于选择。比如，进度变更可以采用削减工作、赶工或快速跟进等方法。

（4）提出申请

按规定的格式和内容要求，提出书面变更申请。

在变更请求中必须写清楚变更的是什么、为什么要进行变更、变更可能产生的后果、变更的备选方案。变更请求必须提交给项目经理或其授权代表。

（5）征求意见

项目变更的请求需要征求项目管理人员、项目经理和其他项目相关方的意见。

（6）变更审批

审批有三种结果：批准、否决或悬置，对悬置的变更请求，往往需要变更申请者补充资料。

在事先编制的变更管理程序中，应该规定谁有权审批变更，比如对项目章程的变更，只有项目章程的签发者才有权力审批，而项目经理只能提出建议；对于会导致项目范围、时间、成本和质量目标变化的较大变更，只有变更控制委员会才有权审批。

项目经理需要对此类变更编写分析报告，对于不会改变项目目标的任何变更，项目经理都有权审批。

（7）变更落实

项目变更审批通过后，就需要把经批准的变更纳入项目计划，并付诸执行，追踪执行情况。

（8）效果评估

在变更的执行过程中和执行完毕后，应该及时评估变更是否达到了预期的效果。

一般来说，项目的变更基本遵循以上程序，但在实际工作中也会有所变动，出现交叉和循环的情况。所以，在进行具体的项目变更程序时项目经理需要根据项目的实际情况作出相应的调整。

4.9.3 项目经理如何做好签证管理工作？

签证在施工现场管理中是一项经常性的工作，要想彻底解决签证中存在的问题，有许多工作要做，特别是要加强合同管理，那么项目经理该如何做好工程签证管理呢？

1. 完善工程签证的合同条款

工程签证是指按承发包合同约定，一般由承发包双方代表就施工过程中涉及合同价款之外的责任事件所作的签认证明。根据签证的定义，签证需要按照合同的约定进行，所以业主在合同的专用条款中对有关工程签证的范围、申报和审批时限、签证的主体、程序、规范格式、加盖公章等方面要加以明确，合同中关于签证的条款越细化，表述得越清楚，业主对签证的可操作性就越强。

2. 严格审核签证的真实性和合法性

首先，签证相当于是业主和承包商之间在工程实施过程中签订的一份补充协议，因而在形式上应该是双方法人签章齐全、真实，以保证工程签证形式合法，内容真实合理。其次，业主要将签证内容与工程合同内容相比较，考虑是否存在超越合同范围的签证，签证人是否有权签证，签证的内容是否清楚，程序是否完备等问题。最后，签证要和设计图、施工图和竣工图相比较，了解签证的内容是否与其相符，是否存在弄虚作假的现象。

3. 到施工现场实测签证工程量

对于工程量的签证，要带着业主或其代表在施工单位的陪同下，深入现场，对照施工图纸、签证说明、签证对象，逐一测量，认真确定。这里尤其要重视隐蔽工程和核减部分的工程量签证，一定要在隐蔽工程隐蔽前进行测量，以免后续产生纠纷。同时对有些内容图纸，经现场对照发现实际没做的，要及时进行核减，不能拖延。

4. 工程材料价格签证要符合招标文件和市场行情

相对于其他签证来说，材料价格签证的确认是比较难的，尤其是装修材料，由于其品种、质量、品牌、产地的不同，导致价格千差万别。材料价格签证的主要依据是：首先，不得超过投标单位中标造价所规定的同类材料价格；其次，以当地工程造价管理部门和物价管理部门发布的材料信息价格为指导价；再次，对业主供应材料或图纸以外的大宗材料等，符合政府采购要求的，必须实施政府采购招标定价；最后，对不符合文件规定要求的，建设单位应充分进行市场调研、网上询价，确保签证材料质优价廉。

4.9.4 签证洽商等甲方不给签字，怎么办?

如果签证洽商甲方不签字，可以采用收发文的形式，通过指定邮箱和书面公文送达甲方。不需要对方在签证单上签字，只需要在收发文本上签字，就可以证明已经收到发文，即使不在签证单上签字，超过法定时间，签证也自动生效。所以，项目经理一定要关注签证洽商的确认情况，确保签证洽商的及时性。

4.9.5 项目经理如何做好一次经营工作?

要想在建造质量高、工期短、造价优工程的同时创造出比较好的经济效益，作为一个项目之主的项目经理对经营管理的理解、对人才的重视、对风险的防范意识、对法律法规的了解、对创新发展的理念等将起到决定性的作用。

要想做好项目的一次经营管理，必须从以下几个方面着手:

(1) 项目经理必须从全局的角度、以统筹的观点来认识效益和经营管理。例如，某项目部整年的工作完成相当出色，进度超前、产值超计划，却在年终时出了一起亡人事故，这不仅牵扯了项目部大量的精力，也使项目部本来可以不错的效益大打折扣，甚至无法完成年度经营任务。同时，进行项目施工前，要制订先进的、经济合理的施工方案、施工安排，落实技术组织措施。施工方案要有如下几项内容:施工方法的确定、施工机会的选择、施工顺序的安排、流水施工的组织、施工队伍的组织。施工方案不同所需的工期、机具就不同，发生的费用也不同。这就要求项目经理对经营管理要从全局的角度、以统筹的观点来认识，首先做好项目的质量、安全、进度管理，细化、优化项目的施工方案，为项目取得好的效益打好基础。

(2) 项目经理要注重经营管理人员的培养。首先，任何管理都需要人去完成，而经营管理更需要专业的人才去完成。这就要求项目经理必须重视经营管理人员的培养。在经营管理人员的培养上，项目部应该针对自身项目的特点，有针对性地对本项目的经营管理人员进行培养。其次，由于项目部管理人员流动快，项目经理更应该注重经营管理人员的培养。因为很有可能刚培养出一个好的经营管理人员没几年，就面临人才的流失。这就更要求项目经理要有前瞻性，在经营管理人员的培养上做到持续性，使项目部的经营管理人员有梯次、不断档。

(3) 项目经理要有风险防范的意识。工程涉及过程复杂、参与人员多、外联单位多，既有合同风险、质量风险、安全风险，也有法律风险、人事风险、治安风险、健康风险等。当然，对于项目的经营管理工作来说，主要是合同风险。我们所签订的合同，将确定我们的责任、义务以及应得的权利，合同中每一个细小的条款，都有可能影响项目日后的效益。所以，对待合同，项目经理必须有高度的风险防范意识。在与业主进行合同谈判的时候，项目经理必须召集项目部所有管理人员、技术人员对合同进行仔细的研读、认真的分析，对每一个可能产生风险的条款都必须作全面的评估。如果能在与业主谈判时消除风险则最佳，若不能从合同本身消除，也能让全体人员对风险有清醒的认识，在合同实施时通过有效的手段、合理的措施提前规避风险，以避免造成不必要的效益损失。在与分包单位签订合同时，项目经理必须要求项目部承担起草合同的工作，因为起草合同的过程也是对分包经营风险认真梳理的一个过程，与我们审阅合同相比，起草合同时能发现更多的潜在风险，有效地防范因分包潜在风险造成的效益损失。

（4）项目经理要重视变更索赔。在项目实施过程中，项目经理必须要求现场施工技术、管理人员针对变更索赔规划有意识地收集变更索赔依据资料。同时，安排专人对现场取得的资料进行补充、收集和保存。在变更索赔过程中，翔实的资料、充分的依据是索赔成功的基础。其中，投标文件、合同文本以及补充条款、备忘录、会议纪要、设计图纸和修改通知、监理工程师的现场指示单、业主、监理工程师与承包商之间的往来文函都可以作为索赔的依据，而工程量签证单、基层施工单位的施工日志、工程照片、现场录像、业主供应材料的出入库单据、承包商自购材料和仪器的发票等都是重要的索赔资料。

（5）项目经理要重视相关的建筑法律法规的学习。在项目经营管理活动中，项目经理必须重视这些法律法规的学习。不仅自己学，也要要求项目部人员学。只有熟悉了法律法规，才能在各种纠纷的处理中有理有据，最大限度地保护项目部的利益。同时，通过对法律法规的学习，也能约束项目经营管理人员在进行经营管理活动时能有理有据地争取项目部应得的利益。

（6）项目经理要用创新发展的观念指导经营管理工作。创新发展的理念同样适用于经营管理工作。项目经理想用创新发展的观念去指导经营管理，首先，自己得不断学习先进单位的经营管理经验，提高自身的经营管理素质。其次，在汲取先进经验的同时，立足自身，结合项目的特点、项目部人员的特点摸索出适合自己项目的特有的经营管理工作方法。不断发展、不断创新、不断丰富项目经营管理办法。最后，项目的经营管理不单纯是人工费、机械费、材料费的经营管理，更是地境性、全局性、全过程的综合管理，更是一种工期性社会效益的综合管理。

4.9.6 项目经理必懂的不平衡报价知识点

平衡报价是相对通常的平衡报价（正常报价）而言，是指在总的报价固定不变的前提下，相对于正常水平，提高某些分项工程的单价，同时降低另外一些分项工程的单价。不平衡报价法对于投标方来说是一种投资策略，对于招标方而言，更是一种督促工程良好发展的"良方妙药"。

不平衡报价的实质是将工程量清单的综合单价分别作为工期时间和分项工程数量的函数，即在报价时经过分析，有意识地预先对时间参数与验工计价的收入款项作出对承包商有利的不平衡分配，从而使承包商尽早收回款项并增加流动资金。

不平衡报价主要分成两个方面的工作，一个是早收钱，一个是多收钱。

"早收钱"的实质是利用资金的时间价值，在投标报价时把工程量清单里先完成的工程量的单价调高，后完成的工程量的单价调低。尽管后边的单价利润较低或者可能赔钱，但由于在履行合同的前期早已收回了成本，减少了内部管理的资金占用，有利于施工资金的周转，财务应变能力也得到提高，因此只要能保证整个项目最终能够盈利就可以了。采用这样的报价办法不仅能平衡和舒缓承包人资金压力的问题，还能使承包人在工程发生争议时处于有利地位，因此就有索赔和防范风险的意义。

"多收钱"是通过分项工程数量变化来调整综合单价实现的，有经验的承包商可能比业主更清楚工程量实际会发生的数量，当发现招标文件中有缺项、漏项或两者之间有较大差别时，在大多数情况下，就可以通过采用不平衡报价法获得多收钱的机会（表4-4）。

1. 项目经理必懂的不平衡报价法

（1）能够早日结账的项目可以报得较高，以利资金周转，如土方、基础等；后期工程项目的单价可适当降低，如粉刷、油漆、电气等。

（2）经过工程量核算，估计今后会增加工程量的项目，单价可适当提高，这样在最终结算时可以多赚钱；而工程量不大或实际工程量没有那么多的项目单价可适当降低，这样工程结算时损失不大。

（3）设计图纸不明确，估计修改后工程量要增加的，可以提高单价，而工程内容说不清楚的，则可以降低一些单价，待澄清后可要求提高价格。

（4）对于暂定项目要作具体分析，这一类工程开工后发包人很有可能进行分包，若暂定项目很有可能由其他承包人施工，则不宜报高价，以免抬高总价。

（5）议标时，业主一般都要求承包人压低报价，这时应该首先压低那些工程量小的单价，这样即使单价压得较低，总的标价也不会降低很多，而给发包人的感觉却是工程量清单上的单价大幅度下降，承包人很有让利的诚意。

不平衡报价内容 表 4-4

序号	信息类型	变动趋势	不平衡结果
1	资金收入的时间	早	单价高
		晚	单价低
2	工程量估算不准确	增加	单价高
		减少	单价低
3	图纸不明确	增加工程量	单价高
		减少工程量	单价低
4	暂定工程	自己承包的可能性大	单价高
		自己承包的可能性小	单价低
5	议标时业主要求压低单价	工程量大的项目	单价小幅度降低
		工程量小的项目	单价较大幅度降低

2. 常见的不平衡报价法

简单地说，不平衡报价就是在招标投标过程中，施工企业首先确定最终投标总报价，然后在总报价不变的前提下，调整其中部分项目的报价，以获得理想的经济效益。

作为承包方，工程开工以后，除预付款外，做每件事情都要争取提前拿钱，由于工程款项的结算一般都是按照工程施工的进度进行的，不平衡报价法把工程量清单中先做的工作内容的单价调高，后做的工作内容单价调低。这样由于先收回了资金或工程款，将有利于施工流动资金的周转，提高了财务应变能力，还有适量的利息收入，如果一直保持收入比支出多，当出现对方违约或不可控制因素时，主动权就掌握在承包方手中，使承包方在工程发生争议时处于有利地位，减小投资风险。

但是，由于不平衡报价法没有考虑到实际施工中经常会出现的工程变更问题和投标竞争环境的影响，所以承包商应认真对待不平衡报价的分析和复核工作，特别是对于报低单价的项目，决不能冒险乱下决策，而必须在对工程量清单中工程量风险仔细核对的基础上，切实把握工程量的实际变化趋势。否则由于某种原因，实际情况没能像投标时预测的那样发生，则承包商就达不到原来预期的收益，这种失误的不平衡报价甚至可能造成亏损。因此，承包商在使用时必须掌握好尺度，否则会弄巧成拙。

其次，不平衡报价是建立在对发包方招标文件具体条款分析之上的一种合理价目配置，投标人应以自己的估价为基础，结合自身在投标竞争环境中的地位和自己对预期利润的期望值来合理确定自己的报价。

若不平衡报价的上下浮动过大，与正常的价格水平偏离太多，容易被业主或评标委员会发现并视为"不合理报价"，从而降低中标的机会甚至被判废标。

以上就是项目经理一定要知道并且熟练掌握的不平衡报价。

4.9.7　项目经理如何做好二次经营工作?

二次经营指的是项目中标进场后，在合同履约过程中，通过对合同条款的研究，利用工程量清单的调整，材料价差的调整，施工过程中的变更、索赔等，增加项目收入。

项目的二次经营是项目经理以及商务管理人员的必修课，项目造价工作三部曲包括：投标报价，二次经营，竣工结算。二次经营是完成投标报价后，接下来要进行的工作。

1. 二次经营的必要性

（1）二次经营是保证项目获利的唯一手段。

（2）二次经营是实现项目成本目标的唯一途径。

（3）二次经营是化解低价中标的唯一办法。

2. 二次经营的工作内容

1）工作一：召开项目商务会议，统一认识

项目部成立后，由项目经理牵头，召开项目商务会（图4-18），确认项目二次经营的目标、经营工作的范围、确认负责经营工作的人选、确定经营工作管理制度及流程、确定责任制并责任到人。二次经营成果是否能够实现，一是要看项目经理的决心，二是看项目整体管理成员的成本意识。

案例 4-12: ......

商务会议定下二次经营的目标之后，每双周项目经理会组织商务目标落实会，将分解的目标阶段性地进行偏差比对，及时进行纠偏，确保施工过程中各项经营指标按照目标进行，如果过程中没有落实责任、没按照目标落地，到项目后期再想二次经营已经没有地方经营了。

2）工作二：编制项目成本策划，确定成本目标

项目策划的重要性在于，通过对比预算收入（合同签约总价）、目标收入、预算支出、实际支出，确定项目成本目标。通过主体劳务、二次结构及装饰劳务横向成本对比分析、专业分包横向成本对比分析、设备租赁横向成本对比分析、材料的横向成本对比分析，对产生的亏损点、风险点作统计、评估，并以报告形式在项目商务例会进行讨论。形成纠偏文件，在后续项目施工生产、材料采购、经营管理过程中实施。项目成本策划编制完成后，应及时向项目管理人员交底。

图 4-18　项目商务会

3）工作三：二次招标及合约管理

二次招采范围：劳务招标、专业分包招标、设备租赁招标、材料招标、现场 CI 招标、暂估价招标、专业暂估招标、临建工程招标。

（1）劳务招标。劳务分包构成：主体劳务、二次结构及装饰。劳务分包形式一般是纯劳务分包或扩大劳务分包。如果项目管理能力强，适合采用纯劳务分包；项目管理能力不强，适合采用扩大劳务分包。现在发包模式普遍采用工程量清单招标。

（2）专业分包招标。专业分包招标采用背靠背的方式。如防水工程，一般项目商务人员都习惯采用甲方提供的模拟清单、模拟工程量招标，先签合同，施工完成以后再进行结算。这里就存在风险，模拟清单、模拟工程量往往与实际的施工图不符，难以实现纠偏及过程的成本控制，后期较多索赔和纠纷。这需要提前完成施工图的防水工程量计量，以实际的工程量、实际的清单招标，也实现将来与甲方结算清单、工程量背靠背对接。

（3）设备租赁招标。如塔式起重机租赁，干商务的人懂塔式起重机的不多，签合同吃亏是常有的事，那怎么才能避免风险呢？项目机械管理员一般会比较懂，项目组织一起讨论，在专业人士的帮助下制定租赁条款等细节，确保将施工过程中所有机械相关事项都包含进去。

（4）材料采购管理。如钢筋采购，在拿到施工图后第一时间完成钢筋的算量，钢筋的价格浮动非常大，准确掌握了现场的使用量，就可以在合适的价格提前采购钢筋，降低采购成本，实现材料采购的成本控制。

（5）招标、订立合同，要召开标前会议，广泛采纳项目管理人员的意见，确保没有大的错误和遗漏项，订立合同后应及时向项目管理人员进行合同交底并监督执行。

4）工作四：项目其他成本管控

包含：材料消耗控制、现场管理费控制、安措费的投入控制、临建设施费的投入控制。提高项目管理人员的成本控制意识，材料消耗控制意识。项目经理要跟项目管理人员强化项目成本控制理念，养成项目成本控制意识。这对项目成本控制尤为重要。

5）工作五：合同交底

这项工作非常重要。大合同交底不能应付差事、走形式。对于大合同文件的交底学习是项目全体管理人员应当非常重视的一件事，大家应一起研究合同的风险、条款、承包范围，哪些对自己有利，哪些对自己不利。在后期的履约过程中，规避风险，及时索赔，避免不必要的损失。

6）工作六：工程量清单交底

认真研究工程量清单，对现场施工、竣工结算意义重大。

7）工作七：设计变更、洽商、索赔管理

现场的设计变更、洽商除由建设方、监理方提出外，对于能够降低工程造价、在不增加施工成本的前提下改善施工工艺的好建议施工方也可以提。应做好设计变更、洽商文件、资料的整理，及时与甲方成本部门进行对接，做好索赔工作。

4.9.8 甲方拖欠工程款的几点原因

（1）签约主体不合法。法律规定建设工程合同的主体是被批准建设工程的法人主体，而实际履行中，发包方往往以无法人资格的筹建处、指挥部、项目部等临时机构名义对外签订建设工程合同，致使工程的建设主体不明，造成建筑施工企业无法向真正的建设单位追索工程欠款。

（2）搞边勘察、边设计、边施工的三边工程。施工图纸修修改改，工程量变化很大，甚至超过合同额，建设方口头承诺对工程增量不予书面确认，竣工后导致结算纠纷，这是造成拖欠工程款的一个重要原因。

（3）投资不落实、资金不到位。要么超过自身资金承受能力上项目造成了工程款拖欠，要么要求承包方带资承包工程和垫款施工，转嫁投资缺口。

（4）非法发包工程。发包方违反国家有关招标投标的法律、法规，不按规定进行招标投标，私下签约发包工程，或者将工程发包给不具有相应资质条件的承包单位，手续违法，使实际施工的单位在工程竣工后也无法追索工程款，有苦难言。

（5）肢解发包工程。发包方将一个工程表面上发包给一个承包单位，暗地里又把工程分割为若干部分，指令发包给几个承包人，使整个工程建设在管理和技术上缺乏应有的统筹协调，造成施工现场秩序混乱、责任不清，导致结算纠纷，引发工程欠款。

（6）利用项目公司逃避风险。我国现行法律缺乏对建设项目法人投资风险责任的约束，对项目的筹划、资金筹措、建设实施、生产经营的责任等都没有得到完全的落实，项目法人往往成了实际建设单位金蝉脱壳抵赖工程欠款的工具。

（7）建设单位恶意拖欠，故意找借口，拖延工程结算。

4.9.9 回款的策略都有哪些？

确保工程款的收回，是项目经理最重要的一项工作，回款的具体策略应当从以下几个方面进行：

第一，严把建设工程合同签订，完善合同条款。

第二，要求建设单位提供按期付款的履约担保。

第三，正确运用法定抵押权。

第四，通过提起代位权诉讼保护承包人的合法利益。

《建筑法》第十八条规定：建筑工程造价应当按照国家有关规定，由发包单位与承包单位在合同中约定。

公开招标发包的，其造价的约定，须遵守招标投标法律的规定。发包单位应当按照合同的约定，及时拨付工程款项。

案例 4-13： ---

关于工程款的催收，一定要在合同约定的时候进行资料的提交，每个月对上个月进行收款，如果第一次收款就暴露出问题，一定要重视，千万不要拖到施工内容都快完成了，还没有收过款。每月的工程款能不能及时到账，一定是项目经理最要关注的地方。

4.9.10　把握甲方付款流程的几个关键点

在甲方的付款流程中，从提请付款资料，到审核完成，再到付款，有几个关键点是项目经理一定要牢牢掌握的，只有熟悉付款流程，才能把握付款节奏，在关键点位上下功夫，让付款不再难。

1. 关键点一：强化自身，让甲方没有理由拖欠

做事不能本末倒置，技巧和攻略是末，自身过硬才是根本。甲方拖欠工程款一般是乙方没有达到工程合同上的要求，因此催款最根本的条件应是承包商做好自身的以下方面工作：

（1）保证工程进度和质量，完成合同相关内容。

（2）项目实施过程中遇甲方有特殊要求或遇突发事件（自然灾害等）影响个别系统施工进度时，必须及时向业主项目部汇报，并说明影响进度的原因、采取挽回工期的措施、工期节点计划推移的时间等，并且要拿到甲方正式确认的文件。

2. 关键点二：熟悉甲方，抓住催款关键点

对甲方进行催款时，首先要了解对方的付款流程是怎样的。在涉及某个特定项目或特定合同时，项目参与各方应结合工程实际办理流程而定。项目经理必须仔细研究甲方的付款流程，如果没有按时提交付款资料，或者报送的付款资料问题很多，业主经常会打回来，浪费了大量的时间和精力不说，还会让工程款付不了变成施工方的问题。所以，项目经理一定要仔细进行研究，哪些付款流程确认的时间长（图 4-19～图 4-21）。

4.9.11　项目经理如何做好财务管理工作？

项目经理要做好财务管理工作，一定要掌握关于财务管理的三条法则。

1. 建立一套完善的工作（财务和业务）流程，并时常检验

对于做好财务工作来讲，一套完整的、十分具有可操作性的财务流程是必需的，它是做好财务基础工作的最重要保障。这些财务制度包括起码的账务处理流程、应收款管理流程、应付款入账和核对流程、资产盘点制度、资金管理制度等与财务工作密切相关的业务流程。如果有必要，甚至可以延伸到业务流程，这都是一个公司需要逐步完善并坚持长期施行的。有了这些流程，遇到问题就不会慌张，而且遇到问题的几率会明显降低。最重要

结算办理流程			
施工单位	项目经理部	成本管理部	财务部

发结算通知书

报送结算资料

审核结算资料

不合格　合格

移交结算资料给成本部

接收、登记结算资料

编制、审核结算书

审核结算对账单

编制最终结算书

签字盖章

报公司领导审核、盖章

正式结算书施工单位存档、办理付款申请

正式结算书、结算相关资料编号、存档

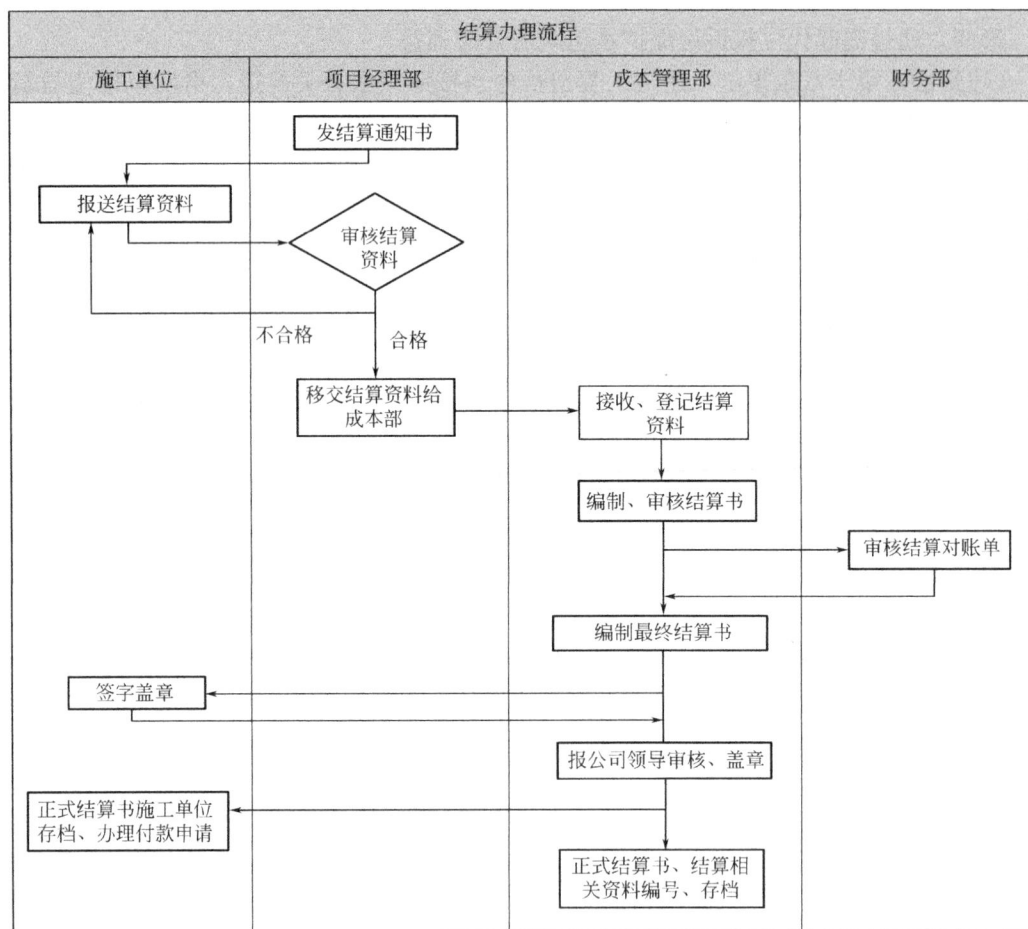

图 4-19　工程进度款办理流程

的是，这些成型的、经过实践检验的制度可以预防出现差错，大大降低经营中出现风险的几率。只有遵守好这些财务制度，才能既防明火，又防暗火，让整个经营工作有序地、良好地进行。

2. 有一套好的处理系统和工作考核办法，从效率上体现

要提高财务工作水平，有两个常用的方法：一是使用一套有效核算的财务软件处理系统，首先是帮助财务人员提高工作效率和工作质量，其次是解放财务人员的劳动力，将其更多的精力转移到数据管理上来；二是制定一套良好的工作效率和工作质量方面的考核方法，如"日清日结""分值考核与奖金挂钩"等工作方法都被证明是很有效的。

3. 对资金管理有一套成熟的办法

很多较上规模的单位，财务部门无论从外在的形式上，或者是在实质上，都有可能划分为会计核算和资金核算两大部门；部分考核更细的单位，还有可能成立单独的成本核算部门。划分为核算和资金两大部门的方式是比较普遍的。核算和资金两个部门，在工作内容上，前者更注重内在的财务处理，后者更倾向于外在的资金融通。两个部门如果摆不正位置，还有可能形成局部抵触和配合上的不流畅。

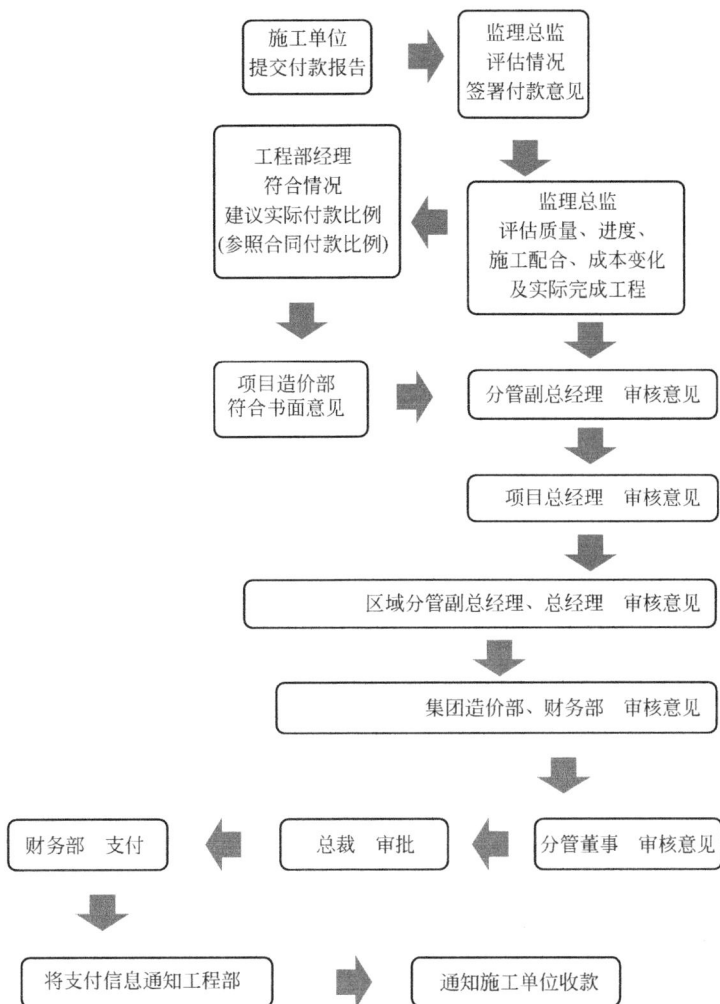

图 4-20　工程进度款付款流程 1

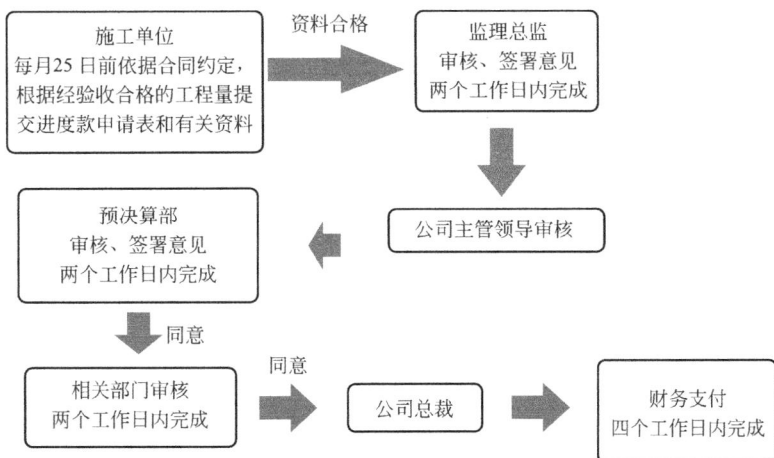

图 4-21　工程进度款付款流程 2

4.9.12 项目经理必懂的可以索赔项有哪些?

索赔是工程承包中经常发生的正常现象。由于施工现场条件、气候条件的变化,施工进度、物价的变化,以及合同条款、规范、标准文件和施工图纸的变更、差异、延误等因素的影响,使得工程承包中不可避免地出现索赔。作为项目经理必须知道的工程索赔有以下几种:

(1) 不利的自然条件与人为障碍导致费用损失加大或工期延误引起的索赔。

(2) 由于业主和工程师方面的原因,引起施工临时中断和工效降低导致人工费、材料费、设备费增加而提出的索赔。

(3) 业主和工程师发布加速指令,要求承包商投入更多资源,加班赶工来完成施工项目,导致工程成本的增加而引起的索赔。

(4) 业主材料质量问题或材料供应不及时引起的索赔。

(5) 由于物价上涨因素,带来了人工费、材料费、施工机械费的不断增长,导致工程成本大幅度上升引起的索赔。

(6) 其他方面的索赔:

如工期延长和延误的索赔,拖欠支付工程款引起的索赔,停电、停水造成的索赔等。项目经理一定要增强索赔意识,加强索赔管理,做好索赔资料的收集、整理与保存工作。并且要对工程项目施工过程中发生的重大问题做好记录,有关部门签字,然后存档。

4.9.13 项目经理必懂的索赔依据有哪些?

提出索赔的依据主要有以下几个方面:

(1) 招标文件、施工合同文本及附件、补充协议、施工现场的各类签认记录、经认可的施工进度计划书、工程图纸及技术规范等。

(2) 双方往来的信件及各种会议、会谈纪要。

(3) 施工进度计划和实际施工进度记录、施工现场的有关文件(施工记录、备忘录、施工月报、施工日志等)及工程照片。

(4) 气象资料,工程检查验收报告和各种技术鉴定报告,工程中送停电、送停水、道路开通和封闭的记录和证明。

(5) 国家有关法律、法令等政策性文件。

(6) 发包人或者工程师签认的签证。

(7) 工程核算资料、财务报告、财务凭证等。

(8) 各种验收报告和技术鉴定。

(9) 工程有关的图片和录像。

(10) 备忘录,对工程师或业主的口头指示和电话应随时书面记录,并请给予书面确认。

(11) 投标前发包人提供的现场资料和参考资料。

(12) 其他,如官方发布的物价指数、汇率、规定等。

案例 4-14: ··

做项目,不涉及索赔是不可能的,所以索赔的资料千万不要到最后才去找,一定要在过程中就要进行收集整理。项目启动的时候，我就会要求商务部门整理出那些需要过程中留存的文件，由施工部的同事在施工过程中进行收集，资料员再进行整理存档，在后续索赔时能够拿到更多的依据，避免很多时候开始上报索赔资料时，发现很多施工中的照片和视频没有留存，造成签证资料难以上报而过期的情况。

4.10　技术管理工作

4.10.1　作为项目经理必须知道的管理目标都有哪些？

项目经理必须知道的管理目标主要有四个方面，一是工程质量目标、二是工程进度目标、三是工程成本目标、四是安全文明目标。

1. 工程质量目标

在施工前制订项目的质量目标，据项目的质量目标及项目情况，对项目质量实现方案进行策划，细化、量化质量目标，是不是有创杯创奖要求，要确保项目质量目标的执行。以确保工程项目符合质量要求，避免因质量不达标造成额外的工作量。

2. 工程进度目标

总工期按照招标文件要求，具体计算的起始日以监理工程师发出的开工令为准，其中包含一些重要的里程碑节点。施工过程中如发现某个分部工程施工滞后，则在总施工进度计划中对各工序进行调整，保证在各规定工期内完成工程内容并按时交付。

3. 工程成本目标

成本管理是为了保证在保质保量、按时完成项目的前提下，不出现超预算、成本失控的问题。它与资源配置、材料费用、人工费用、合同管理等一系列工作都有密切的关联。

4. 安全文明目标（安全生产、文明施工目标）

1）安全生产

杜绝重伤死亡事故和控制灾害恶性事故频率在0.2%以内。

施工现场达标保证合格率100%。

2）文明施工

是否要争创省级文明工地，是否有创市级文明工地要求，具体以业主合同为准。

案例 4-15：

在项目启动前，项目经理要组织专项会议，邀请公司和业主方各部门进行会议研讨，确定好本项目周期需要达成的目标，在招劳务和材料的招标要求上，就要明确项目的各项目标，从进场开始，即按照达成目标的状态进行。很多项目干着干着，一会儿要求创杯，一会儿要求拿文明工地，最后弄得项目无法正常开展，花费大量人力、物力还达不到要求。目标一定要提前商定好。

4.10.2　拿到项目后项目经理如何做好组建项目团队工作？

（1）组建项目管理团队。拿到项目后，项目经理首先要做的事情就是组建项目管理团队。从项目初期开始，根据项目的阶段性目标以及进场要求，配备能够满足现场施工需要的必要的管理人员。管理人员一定要仔细甄别，选择合适的人才担任合适的岗位。一定要让工程施工内容稍微多于管理人员的日常工作量，每个人的负荷要稍微大一些，一是考量目前的管理人员是否能够适应目前的工作，二是避免项目人多事少，滋生懒散状态、低迷的工作氛围。

现在的施工单位人员流动性较大，每个新项目都是通过其他项目调动或新招聘人员来补充。

（2）建立项目组织模式。每个工程项目都是一次性的，而每个项目的组建也都有其特点，根据项目内容、建设单位要求、公司要求来确定项目的组织模式，如项目部领导班子设置有项目经理、总工、生产副经理，而职能部门设置有工程部、合约部、物资部、综合部等。

（3）进行组织分工。在组织模式建立的基础上进行各个部门的组织分工。很多项目只是将各个部门或主要岗位的职责上墙，并没有跟大家明确，这是远远不够的。在项目组建后，开工前，应由项目经理组织开会，明确每个部门的职责范围，明确对于需两个或几个部门共同完成的交叉任务划分，只有在各自的定位清晰的状态下，才能更好地开展工作。

项目团队的管理每个阶段情况都不同，在各个阶段管理者应采取不同的管理方式进行有效的管理，具体如下：

（1）项目团队初期阶段：项目团队刚建立，人员来自不同项目，工作方法、管理方式等都不同，互相不熟悉，缺乏信任。项目经理需用指示式的工作方式，给项目团队说明工作职责、工作标准、工作要求、进度计划及目标。

（2）项目团队建设阶段：经过上一阶段，对人员、工作任务都有了一定的了解，但整体士气还不高。项目经理应建立个人微信，但不能采取压制的方法，不能偏袒任何人，应站在事实的角度上公平地对待。

（3）项目团队规范阶段：经过以上磨合，成员有了团队意识，交流和沟通也增多。项目经理还应提供更多的支持和帮助，并且不断地提高团队文化，培养成员的认同感。

（4）项目团队高效阶段：基于管理者的信任，工作中成员已经能够根据团队的需要主动、有效地交流，出现问题成员都会进行组织讨论并解决问题。

（5）项目团队衰退阶段：经过长时间的高效运行，团队成员会感觉良好，此时团队合力减小，将会失去高效合作的工作态度。这个阶段管理者可以制造危机感，改变沟通方式，重视监督，并奖罚分明。

4.10.3　项目经理必须熟知的技术经济指标都有哪些？

经济指标包括土地使用面积、总居住面积、建筑用地密度、绿地率、日照间距等。

（1）土地使用面积：项目红线内的用地面积一般包括道路面积、绿化面积、建筑面积、运动场地等。

（2）总居住面积：建设用地范围内地上、地下单体或多栋建筑的总建筑面积。

（3）建设用地密度：建筑面积与建筑基底面积之比。

（4）绿地率：指项目规划建设用地范围内的绿化面积占规划建设用地面积的比例。

（5）日照间距：两排朝南的房子之间的最小距离，以保证后排的房子在冬至日底部获得至少一小时的全窗日照。

案例 4-16：

项目拿到图纸后，我就会让技术部的同事整理一张数据表，里面是整个项目涉及各种指标、做法等，这些数据指标在日常汇报、政府现场检查问询等过程中都会用得到，而且在自己进行日常检查时，能够及时发现现场出现的材料和施工做法问题，这些数据是项目经理必须铭记于心的。

4.10.4　项目经理如何开会？

在项目经理工作结构中沟通协调占很大一部分，而沟通协调最常用的方式就是开会，也正因如此，会议是否高效会很大程度上影响项目经理的工作效率，所以对于项目经理来说，懂得如何高效开会是非常有必要的。

那么，什么样的会议算是高效的呢？其实就是在更短的时间内达到开会目的，且会后能有效地实施会议结果，就是高效会议。

接下来我们就看看有什么方法能使会议更有效。

1. 根据会议目的，进行有效的准备

每场会议都有它独特的使命，大家都想达到某个目的，但是明明目的不同，却没有作不同的处理，没有做能更好达到这个目的的会议准备，那么会议又怎么能如愿得到好的结果呢？

不同的会议目的需要不同的会议形式，需要不同的资料准备，需要不同的会议氛围，需要不同的时间参加，需要不同的人参与等，只有一切准备妥帖，才能更好地发挥会议的作用。

若当前的会议目的是作项目汇报，要了解项目进度，解决影响进度的问题等，那么这个会议就更适合轮流汇报的形式，每个人说清楚当前的进度以及遇到的困难，且讨论出解决困难的方案，进而下一步执行，会议节奏就会比较快，参与人数也可能只需要施工生产的负责人。

所以，不是所有会议都是一概而论的，我们应该为目的不同的会议设计不同的会议形式，准备不同的会议资料。

2. 比通知会议更重要的是通知会议的动议

当明晰了会议的目的后，就要开始通知大家参与会议了。

一般情况下，通知会议都是这样的："几点、在哪个会议室、开个什么会"，基本上就结束了。

这就导致大家对于会议的目的、会议的持续时间都不是很清晰，以至于参会人员不会做充足的准备，很多材料需要在会议上查看才能进行下去。

但是这样花费的就不再是一个人的时间，而是 n 个人的时间，如果大家都没有准备很可能就是 $n \times n$ 的时间，大大降低了会议的效率，所以说相比于通知会议，通知会议的动议更重要。

"动议"一词来自罗伯特议事规则，是指行动建议，一个完整的动议包括六个要素：

时间、地点、人物、行动、资源、结果。这些都需要在开会前和开会人员确认，才能使会议更有效率。

案例 4-17： --

关于开会这件事，我一般会在项目初期就会制订项目的会议流程，以及参与的人员，比如：项目生产会，主要通知施工部的人员参加，施工部的同事就要及时准备进度计划、施工日志，以及最近施工班组劳动力、材料及进度比对的相关材料；开周检例会：就会通知到所有参与现场施工的同事，施工部、技术部、材料部、资料室以及安全部和商务部，内容就是所有涉及现场的进度、质量、成本、安全文明等；开质量检查会，就会通知施工部、质量部的同事参加，主要针对近期现场施工质量的问题、纠偏措施等；通知参加监理例会，则会明确哪些人员必须参加，会议前需要准备哪些资料，哪些事项需要在监理会议纪要中提及，一定要在项目初期固化下来。一个完整周期的项目会有很多相关的会议，需要不同的人参加，准备不同的资料，涉及不同的方面，要有效地利用会议。

3. 可以开站立会议

按照相关的调查，站立式会议至少比坐着开会节约 30％以上的时间。所以，如果是一些涉及现场问题的会议，完全可以尝试一下，将会议地点放到施工现场来开，效率更高，效果更好！

案例 4-18： --

施工过程中，很多时候在现场解决问题远远要比在会议室里纸上谈兵要更快捷、更有效。作为项目经理，在现场发现某些突出的有代表性的进度问题、质量问题、班组管理问题、安全文明问题时，都要召集相关的管理人员到场，直面问题，提出解决办法，定时间、定措施、定责任人，迅速落实整改人员，这样也避免问题持续累积、持续发酵而产生更多的问题，导致后面无法解决。这样也避免一些同事报喜不报忧，把问题藏着掖着不暴露，最后埋下很多的雷。

4. 比同意的人更重要的是反对的人

很多会议是以达成共识来结束的，但是职场中往往还会有"马后炮"的行为，比如出现问题后，就会有人赶紧出来说："我当时就觉得不行"。

为什么会出现这种现象呢？

可能是会议中项目经理比较强势，管理人员没有办法说出自己的意愿，抑或是说出后被直接压下。

事不关己高高挂起。

不够自信，不敢说出自己的观点。

不管是哪一种，对于会议之后的行动都不会有好处，因为在不认可某个方案的前提下，团队成员不可能会全心全意地实施。

所以，作为会议的主持者，让反对者说出自身的观点，然后带着平常心去优化原有方案，才是最好的选择，毕竟经历过反驳，且能说服对方的方案，有效的几率才更大。

根据不同的团队成员提出的不同观点，再提出解决方案，肯定就是全面思考下的结果，肯定会更有效，后续的执行大家也会更加心悦诚服。

案例 4-19： --

对于这种情形，项目经理一般会让每个人发言，针对每一个方案大家提出优势和劣势，拿到台面上讲，让大家看到自己没考虑到的，最后由项目经理来确定具体按照哪个方案进行，如有问题，必须在会议上提出，一旦敲定，就算不是最优的，也必须无条件执行，但是作为项目经理，一定要为结果买单。

5. 利用工具改变思维惯性

每个人都是有固定思维的，而且不可避免地会只站在自己的位置思考，会议中也不例外，一旦涉及沟通合作，需要某一方付出时，通常会出现大家都不愿付出，怎么说都寸土不让的情况。

为什么会这样？原因是我们每个人内心都会有恐惧，会害怕这次让了下次对方会不会得寸进尺，会不会成为习惯和规矩。但是我们忘记了整个会议的初衷就是为了互相解决问题，为了提高整体工作效率的。

如果大家都不让的话，就会是一个一直卡在这里的僵局，如果想让会议进行下去，就必须把每个人心中的芥蒂松开，增加大家的思维弹性。

这个时候你可以这样做，在分发的材料下面留几个空白的地方，用来标注类似于这样的问题：这件事情你有哪些可以妥协的地方？你还有哪些弹性可以去尝试？等等。

让所有参会人员在开会之前事先导入这些问题。一旦大家有了这个前期思维，后续的会议，就会有很多弹性，人们会意识到，我们是来解决问题的，焦点在解决问题上。

而如果每次会议焦点都是解决问题，且项目经理有一定的公正性的话，某一方会一直吃亏的几率也不大，后续的会议也会越来越顺。

6. 比会议结论更重要的是会议结论的落实

除了会议前、会议中需要注意的内容，还有一种最可惜的无效会议是开完会没有落实，相当于大家一起走了 99 步，最后一步没有跨过去。

这最后一步怎么行动起来呢？针对这个问题，推荐一个方法，叫作开发团队合同，就是在项目的第一个会议结束时，让每一个人在公开场合，在共同文档上写下他在这个项目工作中的目标、职责和行为规范。

千万不要小看这个做法，心理学上说"写下来才是证明"，所以当一个人当着所有人的面把自己的目标、职责和规范写在纸上的时候，就大大地增加了这个人以后完成相关责任的动力和压力。

项目经理想要更有效地进行会议，可以尝试以下技巧：

（1）思考清楚会议目的，并作相应的准备；

（2）通知会议时告知举行会议的动议；

（3）短时会议可考虑站立会议；

（4）多关注反对的人，一起使方案更优化；

（5）改变思维弹性，使合作更顺利；

（6）比会议结论更重要的是会议结论的落实。

项目经理一定要花点心思打磨优化整个会议全流程，让它成为成事的支持，而不是障碍，从而达到最初的目标。

案例 4-20：

只要开会，项目经理一定要资料室人员记录会议内容并在当天形成会议纪要，所有人当天阅读完并签字确认。如果有需要完成的计划，就要清楚地记录责任人、开始时间、完成时间，以及过程中遇到问题需要谁协作，形成一个报表，针对这个报表指定资料员每天在工作群里晾晒数据，完成到了哪一步，定时提醒相关人员需要做的事项，避免会议上讲了很多事情，会后大家全忘记了，这个晾晒和提醒让会议越开越少，也让同事们做事更有条理，做到件件有落实，事事有回馈。

4.10.5 项目经理如何关注项目管理细节？

如何让项目朝着既定的目标良性进展？如何让项目能最终获得成功？针对这两个问题，结合过往项目管理经验，总结出有助于项目良性进展、有助于项目成功的项目经理必须关注的 12 个主要管理细节。

1. 项目目标

"目标是行动的航标"，因此目标对项目的重要性不言而喻。

一个不关注项目目标的项目经理，最终只能将项目带入失败。实践已经并继续证明，任何不针对目标的行动都将是徒劳的。因此，项目经理一定要将项目目标装在"心"里并时时关注项目的运行方向。可将项目目标上墙，如图 4-22 所示。

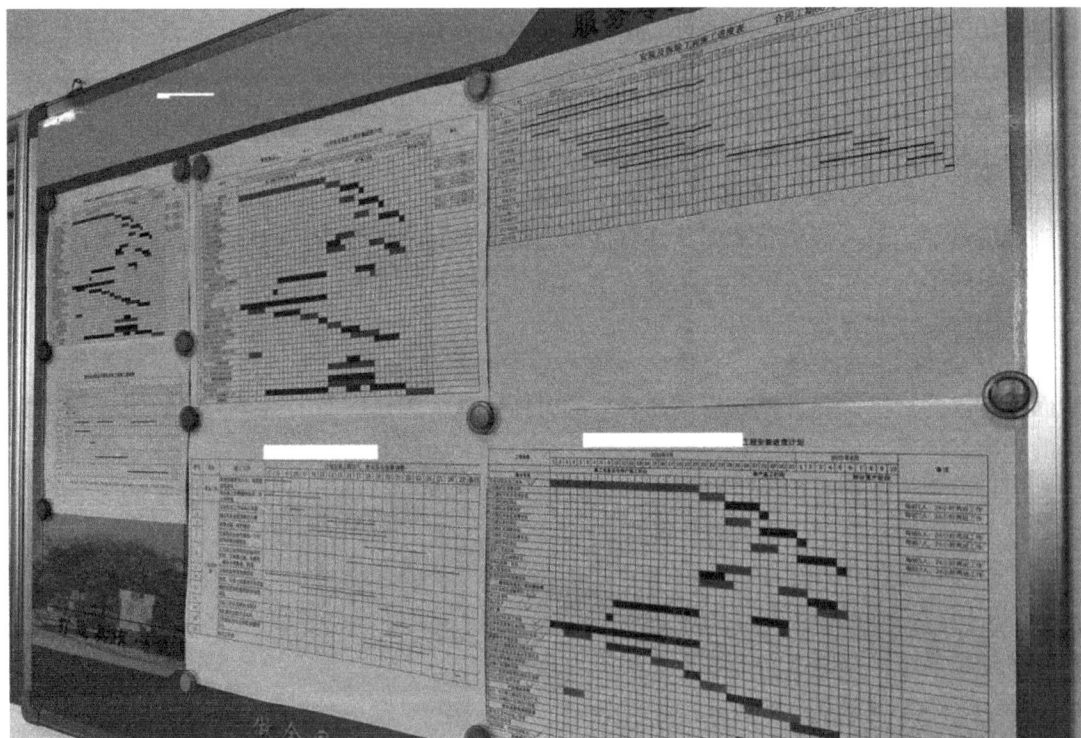

图 4-22　项目目标分解上墙

2. 项目范围

"项目范围实际上就是我们工作内容的一个映射",项目范围同时也决定了我们工作量的大小。

项目经理如果对项目范围没有一个清晰的把握并合理控制,则项目组开展的一些工作很可能于事无益,其结果只能是劳民伤财。

3. 项目计划

"计划是行动的纲领",项目计划的重要性我想已经是尽人皆知了。

项目经理不但需要重视项目计划的制订,更需要重视项目计划的执行。计划能使我们的思想具体化从而体现出我们期望做什么、什么时候做、谁去做以及如何做,因此任何不在项目计划指导下的行动都将"杂乱无章",甚至给项目带来巨大风险。项目经理日常要对现场的工作状态与计划进行比对,如果有偏差,如果是因为团队管理不善,一定要杀鸡儆猴,使后面的工作更加顺畅,项目经理如果对日常发现的偏离计划的原因不重点抓,会让管理成员慢慢松散,后面就没办法收得回。

4. 项目质量

"质量是项目的生命",没有质量的项目无疑是失败的项目。因此,项目经理需要时时关注与项目质量密切相关的各种活动,经常性地组织工程部、技术部、质量部对现场不同作业面的质量进行专项检查,带领项目同事学习如何发现问题、如何处治问题、如何提前预控质量问题。项目经理一定要带头去一线,避免常坐办公室,不了解现场情况,要时刻让管理人员心中紧绷着质量管理这根弦。

5. 项目进度

"进度往往就是效率",项目特别是商用项目,进度往往决定了它的市场价值。因此,项目经理在关注项目质量的同时,也需要密切关注项目的进展。对于重要节点和重要作业部位,要做到每天对进度情况了如指掌,让项目管理人员每天进行进度汇报,如果进度滞后,要有危机感,要及时汇报并提出相应的赶工措施。

6. 项目成本

"资本是项目得以正常开展的命脉",一个成本失控或成本超标的项目,将面临很大的项目维系风险。因此,项目经理在日常管理过程中,要针对发现的高成本的内容进行管理,包括管理成本、材料成本、劳动力成本、机械设备成本、资金成本等。

7. 项目风险

"项目风险是影响项目能否顺利开展并取得最终成功的唯一不确定因素。"项目经理需要时时关注项目风险的状态,准备好应对预案,做到"有备无患",并尽可能消除不利风险发生的环境和条件。对项目的全周期进行危险源分析,在项目的不同阶段应对不同的风险,保障项目运行安全高效。

8. 项目干系人

"平衡项目干系人的期望是项目最终能得到各方认同的基础",一个不能平衡并满足项目干系人期望的项目经理,在项目的开展过程中将会"举步维艰"。项目经理需要获取各方资源来服务项目,因此项目经理日常管理中就要做好平衡工作。

9. 项目团队

这里提到的项目团队主要是指项目经理所领导的项目组。"项目团队是项目成果的直接缔造者"，项目团队的工作效率直接决定了项目的效率。因此，项目经理需要非常关注项目团队成员（包括项目团队建设、绩效考核等）。

10. 产出物评审

"评审是发现问题最有效、最及时的方式之一"，一个问题多多的产出物一定会给后续工作带来巨大的障碍和风险。因此，项目经理一定要关注项目产出物特别是关键产出物的评审，绝不要以为评审是走"过场"，是可有可无的活动。

11. 缺陷

"缺陷是项目的定时炸弹"，如果缺陷被消除，就相当于消除了定时炸弹、消除了安全隐患。因此，项目经理一定要关注项目进展过程中所发现的各类缺陷，做到多发现、早消除。

12. 里程碑总结

"总结是发现问题并规避问题再次发生的最佳办法，是提炼经验并发扬经验的有利时机。"项目经理不但要重视项目进行中的阶段总结，也需要重视项目完结后的项目总结，因为项目总结为下一个项目提供了良好的经验借鉴。

案例 4-21：

作为项目经理，日常会发现项目上、施工现场中各种小的问题，这些问题的处理思路其实都是一样的。项目管理的最终目标是交付实体，现场的问题无非就是进度慢了，成型质量差了，安全文明不到位了，形成这些结果的原因都是相通的，抓住一个细节，帮大家去梳理好流程，这样几次过后，大家就能够适应流程。一定要靠制度管人、流程管事。比如巡场的时候发现现场的混凝土浇筑质量差，那么就要从钢筋模板隐蔽验收流程，到混凝土的原材料申报、现场收方、做试块、浇筑振捣、收光、养护，再到交底、劳务安排、人材机情况，梳理问题出在哪里，一定要了解清楚每个流程是否有人没有做，或者做得不到位，拿出过程管理的各种影像资料和手续，避免我们的管理人员在施工过程中管理缺失，全让劳务推着走，最后被动接受质量差这个结果。一旦这种事情多了，大家都会麻痹，就会很正常地这样去管理，导致项目后面无法纠正，一定要在项目初期大力去扭转。项目经理一定要抓住这种问题进行一个全流程的复盘，找出问题的关键，并且要在后续不定时去检查制定的流程上大家的工作有没有到位，没有检查的约束是不会让大家固化行为的。

4.10.6 项目上风险管理，要做哪几项工作？

1. 工程项目风险的管理

项目经理需要对建设工程项目进行风险识别（图 4-23）、风险分析和风险评估，实现项目风险预判，并且合理运用各种风险措施和管理方法，在技术手段的基础上进行有效控制。对项目的风险，要正确处理风险事件的不利影响，以最小的成本确保项目管理的总体目标。

2. 施工企业工程项目的风险类型

（1）有风险的合同能否按时完成，相关质量是否符合要求。

（2）工程项目税收风险主要包括营业税、城市建设维护税、教育附加费、印花税、个

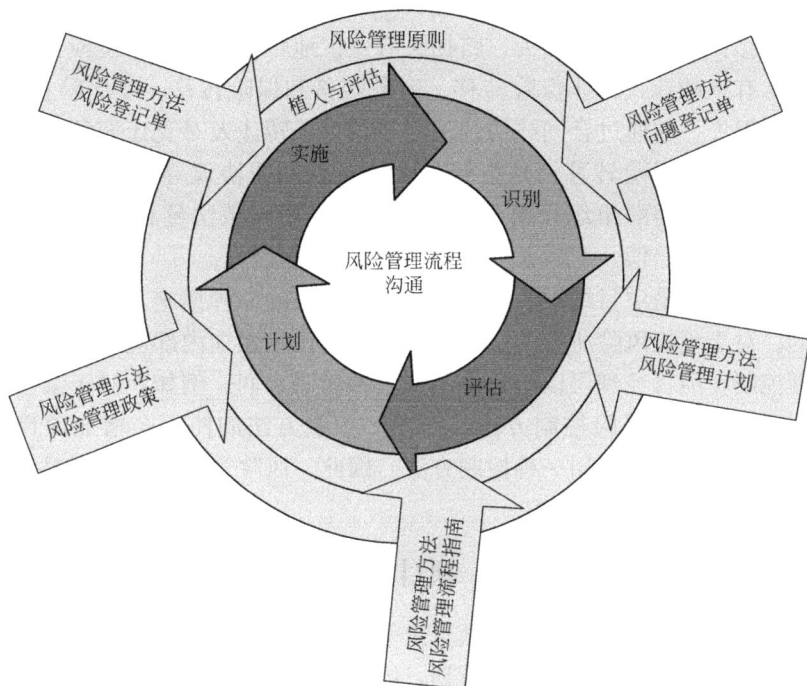

图 4-23　项目风险识别图

人所得税等。

（3）资本风险项目的资本链能否满足生产需求，如何维护资本链条。

（4）如何在可控范围内将风险的成本降至最低。

（5）政治风险项目中适用的法律规范和当时的政策对成本的影响。

案例 4-22：

在项目管理中，项目经理应要求各个部门将每个部门每周凸显的风险列清单，比如进度风险、质量风险、安全风险、成本风险等，在项目周例会上进行研讨，确定纠偏或者整改措施，避免风险扩大到难以处理的地步。这也是作为项目经理日常需要组织的事项，也只有项目经理能够站在这个层面上去组织大家来做这个事情。

3. 施工企业工程项目的风险处理

（1）规避风险：考虑风险的存在和可能性，放弃或拒绝执行可能导致风险损失的计划。规避风险具有简单、全面的优点，可以将风险降低到零，然而规避风险也会放弃获得收益的机会。

（2）降低风险：一是降低风险发生的可能性；二是将风险损失降至最低。项目经理可以在项目开始时预留部分项目安全保证金。如果材料有问题，这部分资金可以用来支付，从而降低了承担的风险。采用风险控制方法有利于项目管理，可以大大提高项目成功的可能性。

（3）风险分散：是指增加风险承担单位，以减轻整体风险的压力，使项目经理可以减少风险损失。项目施工期间使用商业混凝土，可以提高单价，将风险分散给材料供应商。

但是，采用这种方法也有可能同时分散利润。

（4）风险转移：为避免风险损失，将损失有意识地转移给另一单位或个人承担。非保险转移控制通常有三种形式：非保险转移、财务转移和保险转移。非保险控制权的转移，其是法律责任的损失，它通过合同或协议消除或减少了转让人对受让人的损失责任和第三者的损失责任。财务非保险转移，是指转移者通过合同或协议寻求外部资金以补偿其损失。加入保险是经过专门的组织，根据有关法律，使用大数法签订保险合同，发生风险时，可以获得保险公司赔偿。

（5）风险保留：这是项目组织者自己承担风险损失的一种措施。有时它是主动的，有时它是被动的。对于承担风险所需的资金，可以通过预先建立内部应急基金来解决。对于上述风险管理控制，项目经理可以组合使用或单独使用它们。例如，对于某些大型工程项目，经常会同时使用多种风险控制方法，而单一控制方法的使用会增加项目的风险。相反，对于小型项目，有时会采用一种控制方法。因此，风险管理者应分析具体问题，而不应盲目使用。

4.10.7 超前考虑，预控工作，项目经理要做什么？

项目经理在项目启动前，需要组织项目班子成员，项目初期也可以借助公司职能部门的力量，对整个项目的全流程进行项目策划，针对项目已有的条件，以及过程中可能产生的各种问题做好策划工作，有针对性地提出优化方案，包括组建管理团队，设置匹配的人员构成；对质量、安全和工期进行策划，对场地布置进行策划，策划项目二次经营，盘点项目大型机械最优配置，对甲方收款进行策划以及签证索赔进行策划等，并且策划方案要经过团队头脑风暴，仔细修改复盘，并申请公司职能部门参与，制订项目全流程最优化策划。这些内容都必须在项目启动前就要做好详细的预控预判策划，只有这样，在项目正式开展时才能做到心中有数，按照项目既定方向推进，达到项目的各个阶段性目标。

4.10.8 项目经理必懂的几个穿插施工里程碑点

穿插施工是一种快速施工组织方法，它是指在施工过程中，把室内和室外、底层和楼层部分的土建、水电和设备安装等各项工程结合起来，实行上下左右、前后内外、多工种多工序相互穿插、紧密衔接，同时进行施工作业。

这种施工方式充分利用了空间和时间，尽量减少以至完全消除施工中的停歇现象，从而加快了施工进度，降低了成本。对于规模大、结构复杂、工序和专业繁多、工期紧的工程，穿插施工尤为必要和重要。

在日本等发达国家，穿插施工已经有丰富的经验和项目实践。以日本著名的前田建设为例，其典型的穿插施工如图4-24所示。

项目经理必懂的几个穿插施工里程碑点（表4-5）：

（1）一次结构施工一层的完整施工周期；

（2）一次结构施工每层所需的间隔时间；

（3）二次结构插入施工的首个楼层时间；

（4）二次结构施工每一层的完整施工周期；

（5）分阶段主体结构验收的时间点；

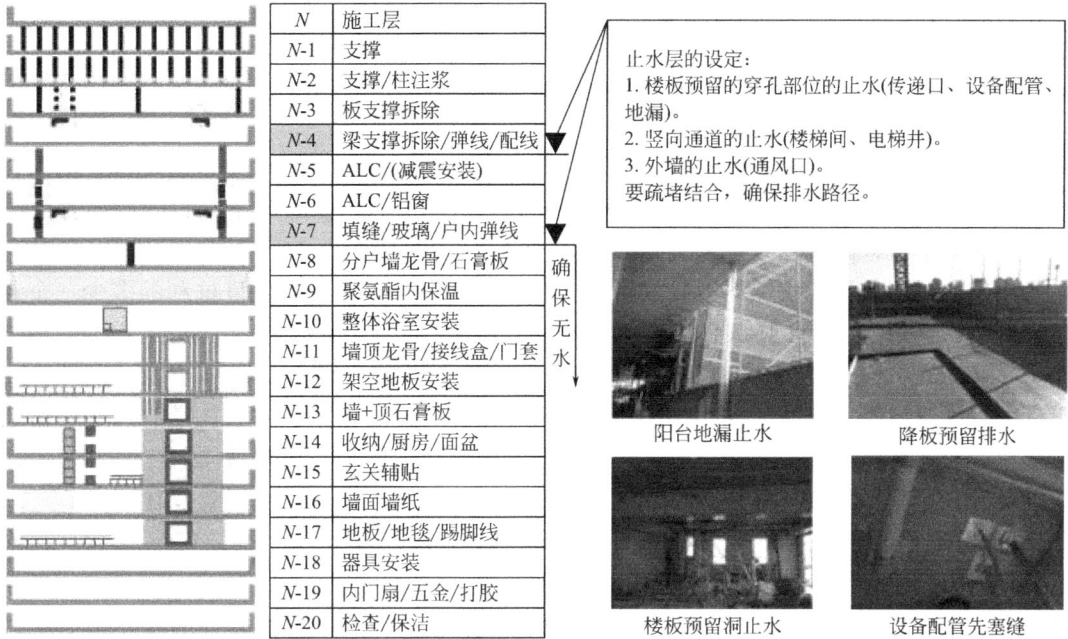

N	施工层
N-1	支撑
N-2	支撑/柱注浆
N-3	板支撑拆除
N-4	梁支撑拆除/弹线/配线
N-5	ALC/(减震安装)
N-6	ALC/铝窗
N-7	填缝/玻璃/户内弹线
N-8	分户墙龙骨/石膏板
N-9	聚氨酯内保温
N-10	整体浴室安装
N-11	墙顶龙骨/接线盒/门套
N-12	架空地板安装
N-13	墙+顶石膏板
N-14	收纳/厨房/面盆
N-15	玄关铺贴
N-16	墙面墙纸
N-17	地板/地毯/踢脚线
N-18	器具安装
N-19	内门扇/五金/打胶
N-20	检查/保洁

止水层的设定:
1. 楼板预留的穿孔部位的止水(传递口、设备配管、地漏)。
2. 竖向通道的止水(楼梯间、电梯井)。
3. 外墙的止水(通风口)。
要疏堵结合,确保排水路径。

确保无水

阳台地漏止水　　降板预留排水

楼板预留洞止水　　设备配管先塞缝

图 4-24　里程碑节点

（6）装饰层插入二次结构的首个楼层时间；

（7）装饰层每一个楼层施工的完整周期；

（8）主体结构封顶时间；

（9）二次结构全部完成时间；

（10）装饰层全部完成时间。

流水作业关系　　　　　　　　　　　　　　　　　表 4-5

状态	楼层	相对关系	作业内容	说明
主体结构及验收层	18	—	主体结构作业层	主体结构与二次结构一般间隔30d,以满足主体验收及砌体材料准备的需要
	17	—	模板支撑及混凝土护层	
	16	—	拆模清理层	
	10~15	—	清理层、主体验收层	
	9	N	主体结构止水层	
二次结构层	8	N-1	砌筑层	二次结构与装饰施工一般间隔2层,以满足砌体顶砌或塞缝的时间间隔需要
	7	N-2	砌筑层	
	6	N-3	隔墙板安装层	
装饰流水层	5	N-4	基层处理及打点冲筋层	装饰流水的各道工序跟进紧密,必须保证前道工序一次成活率,以免返工造成窝工及延误
	4	N-5	墙、顶抹灰层	
	3	N-6	地面施工层	
	2	N-7	墙、顶腻子层	
	1	N-8	室内交付层	

4.10.9 项目经理如何做好创优工作?

1. 策划是创建质量奖项的基础

1) 组建高素质的项目管理团队

创建获奖工程是一项系统工程,项目部的各个部门必须相互配合并紧密协作,从项目经理部的组建、相关制度的建立、管理目标的确定和过程质量控制等方面进行充分的策划,制订科学完善的管控方案和实施方案,用最有效的管理手段来保证质量目标的实现。

项目管理团队的素质和能力直接影响到工程质量的好坏,以及项目盈利的多少。企业在组建项目管理团队时,应采取对个人资历等进行全方位考核的办法(如技术水平、施工经历、业绩),选拔懂技术、会管理、质量意识强、精明能干的人组成项目管理团队。在优化配置好项目管理团队的同时,还要挑选成建制、有良好口碑和实力、具有专业资格和技术实力的专业队伍承包专业工程施工,从作业班组工人中选拔实际技术水平高,对工作认真负责的人担任班组长职务。这些人力资源工作都将为工程创优奠定重要基础。

2) 明确目标和责任

创奖工程要有一定的工程体量,符合相关要求,建筑内外装饰材料档次要较高,屋面做法要简明独特、美观耐久,建筑各方面使用功能应完善,建筑施工应具有一定的科技含量。

企业在承接较大型工程后,根据奖项的申报条件和工程项目实际情况,对项目进行创优条件评审,符合申报和创建条件的项目,确定创建"获奖"的质量目标。目标确定后,企业代表要和负责承担施工管理任务的项目经理部签订"工程质量管理目标责任书",明确企业和项目经理部的创奖责任、奖罚对策等。项目经理部再把质量目标层层分解,逐一落实到每个人,赋予相应的质量责任和权利,把三者有机地结合起来,使质量管理工作形成"层层有目标,人人有责任"的系统化管理模式。

2. 强化组织机构和加强管理制度建设

创奖目标确定后,企业成立以总经理为组长的"创奖工程领导小组",成员有项目经理部和企业相关部门的负责人和专业人员。同时,还组建现场质量复查、影像制作和工程技术资料专业工作小组。企业工程技术部、企业发展部、总经理办公室和项目经理部联动工作,分工明确。"创奖领导小组"适时研究解决创优过程中出现的问题,保证创奖过程中的人力、财力、物资及时投入并发挥其作用。加强创奖工程的管理制度建设是创奖工作的一个重要环节。针对创奖工作的系统性、艰巨性,企业对现场管理制度进行充实完善,使其更具有可操作性。同时,创奖领导小组定期检查制度的落实情况,使制度建设真正为创奖起到了强有力的保证作用。

坚持运用"三检"制和"样板引路"制,以样板带分部,做好每道工序的质量监督检查和验收工作,不留隐患,做到次要问题不放松,主要问题突出抓,质量标准不降低,精雕细琢,精益求精。

质量验收实行工序质量一票否决制,强化质量管理重要性。实行"质量否决制"是提高各层级的质量意识,确保创奖目标实现的重要手段。

实行质量奖罚制度,把对工程质量目标考核作为整个工程管理的否决性指标,企业分阶段和年终对质量目标进行考核,将考核结果作为奖金评定和下年度岗位任职的重要依据。同时，还应建立创新激励机制，激发员工的创新积极性，突出建筑科学技术在创奖工程中起到的重要作用。将质量直接与经济挂钩，体现了质量管理中责、权、利三者的统一，有利于提高员工积极性，改进工程质量。

3. 制订详细的施工组织总设计及方案

施工组织总设计是工程项目实施的纲领性文件，它是一项最重要的质量策划前沿工作，重视施工组织总设计的编制，并在施工中认真组织实施，是创奖目标成功与否的关键点。在施工组织设计编制初稿后，企业组织技术骨干首先进行研讨，提出修订意见，在此基础上聘请经验丰富的专家给予论证和指导，使其更加完善，起到指导施工的作用。

施工方案是施工组织设计的细化，应编制详细的具有实际指导意义的施工方案并在施工中认真组织实施，施工过程管理是创奖工程的关键。

创奖工程是通过各工序组成的，是通过每道工序施工过程严格控制管理实现的，是过程精品的结晶。从基础工程开始至工程竣工验收和使用的全过程都必须纳入既定目标管理，并实施严密的总体管控策划，认真执行和落实，这样才能确保过程受控和过程精品，最终实现创奖工程的目标。

4. 加强过程质量控制，确保工程质量精品

质量控制要从始而终地贯穿于工程的全过程，使每个施工管理环节、每道工序都要受到严格的质量控制。没有严格的过程管理与控制，就无法保证过程精品。

1）要加强工序质量管控

一个精品工程的质量都是由每个工序的质量严控得来的，确保每道工序质量管控达到质量目标，是施工中质量控制的重点。实施自检、交接检、复检等网络化管理预控措施，以自检为基础，这样发现问题及时，纠正快，避免损失，使各工序施工环环相扣，处处受控。

2）要加强隐蔽工程质量管控

隐蔽工程的质量好与坏对工程实体质量影响最大，质量事故突发性也最强，施工时不注重隐蔽工程质量问题，工程竣工后将无法弥补，也会给使用带来安全隐患。因此，加强隐蔽工程质量控制尤为重要，重点是要做好地基与基础工程、钢筋分项工程、防水工程、暗埋管道和电气及网络线路的质量控制。

3）加强装饰装修工程的质量控制

细致、严谨的装饰装修工程质量措施能够提升质量档次和观感质量。装饰装修工程的质量好坏对整个工程质量的评价结果影响巨大，因此要做好装饰装修阶段的质量管理，协调好各单项专业的交叉作业关系，做到配合密切、施工精细、检查严格到位。

4）加强新材料、新技术、新工艺、新设备应用的质量控制

对建筑业 10 项新技术要积极应用，并有所创新，这是今后创奖工程的必备条件，也就是说"鲁班奖"工程应有一定的科技含量。采用建筑业新技术，增加建筑产品的科技含量，是建造精品工程的重要因素，因此要在技术人员的培训上下功夫，使他们尽快地接受新技术，让新技术在创奖工程中起到创新作用。

5）加强工程技术资料管理

工程技术资料是记录一个工程项目管理全过程的档案，因此工程技术资料编制整理归档必须合规、准确、完整、真实、详尽，真正做到反映工程施工的全过程情况。技术资料

应按编制规范认真进行搜集、填写、整理、分类、编码、装订、归档。

5. 健全质保体系，规范管理行为

企业各职能部门和项目经理部必须在企业确定的质量目标下，结合各自部门的岗位和任务来分解目标，编制相应的工作计划和保证措施，使每位员工都能做到目标明确及责任分明。在施工质量管理上建立企业、监理单位、建设单位、勘察设计单位、监督单位、项目经理部、班组"七位一体"的质量保证体系，共同把好质量关。再就是要严格按照 ISO 9001：2000 标准质量管理体系的具体要求和施工技术标准及验收规范进行施工。

6. 总结

创奖工程不只是一个质量奖，其深刻内涵应该是一个系统工程、节能工程、民心工程、诚信工程。创奖一是有利于企业强化施工质量过程管理，提高员工质量管理技术水平，促进创精品工程活动和质量管理水平再上新台阶；二是有利于建筑业 10 项新技术应用，促进企业自主创新，把建筑"四节一环保"等指标要求落到实处、抓出成效；三是有利于促进企业以创精品工程为依托，实施"品牌战略"提升企业核心竞争力；四是有利于企业认真地总结创奖工程的先进经验和管理创新理念。总之，要通过过程精心策划，严格做好过程质量管理，做到"事前策划，事中控制，事后检查""人无我有，人有我优，人优我精"，过程精品，一次成优，最终实现"创奖"的目标。

📖 **案例 4-23：** ··

关于项目的创优工作，必须在项目开始前就要跟甲方和公司领导进行沟通。创优项目和合格项目从成本投入上差距就很大，创优项目对管理人员的水平和劳务班组的要求更高，需要一开始从管理人员、作业人员选择上就优中选优。并在项目启动前指定项目总工或者质量负责人来统抓质量创优方面的工作，做好创优方案。根据甲方和地方主管部门的要求，详细研究创优申报的条件、过程资料如何收集和收集标准，以及创优验收的详细流程和验收节点，形成项目创优的节点计划。与创优工作相关的管理人员要进行专项学习和培训，确保管理人员对创优的工作有清晰并且具体的认识，才能在后续的施工中做出优秀的成果，为各个节点的创优提供有力保障。

4.11 现场管理工作

4.11.1 项目经理如何做好汇报工作？

项目经理如何进行项目总结才能让项目顺利进行，让领导一看就喜欢，领导听汇报，就是想知道项目干得怎么样。因此，项目经理事先一定要思考好：这次汇报应该达到什么目的。

工作汇报要注意以下三个问题：

（1）简单描述项目的整体情况。通过项目整体进度分析，资源使用情况，取得哪些成果等，好的地方一定要展示出来，让领导看到你的能力。

（2）针对项目中的问题，提出你的对策。在提出问题后要说出你的应对方案，让领导知道你有想法，对重要细节也跟得很紧。

（3）汇报下一步的工作计划，工作重点，对问题的解决方案。

工作汇报要围绕一个核心目的：控制。让领导知道项目在你的控制中，当然，让领导放心，也要建立在实事求是的基础上。如果项目本身一团糟，你把领导"忽悠"得再开心，也是没有意义的。项目经理可以使用进度表来配合工作汇报，让上层领导能直观地了解项目的进行情况。

项目经理可以从以下几个方面考虑：

（1）要知道领导关心什么、最重视什么，抓住此类问题作重点汇报，一般容易引起领导的兴趣。

（2）汇报自己的工作，要突出能力，或者通过对问题的深刻挖掘来体现自己。只有这样的汇报，才能给领导留下深刻的印象，展示你的素质和能力。

（3）汇报内容要突出特点。每个项目都有自己的特点，汇报时就要抓住这个特点，这样才能把客观存在的东西反映出来。并且，写总结时要认真分析、比较，写出自己的特色。

（4）汇报内容要突出重点。汇报要抓住重点，有些汇报，内容上事无巨细、面面俱到，但实际该写的不该写的都写了，领导也不想听。

（5）汇报工作要实事求是，不能随意编造、弄虚作假欺骗领导，要客观地查找工作中存在的不足和问题，以警示今后的工作。

案例 4-24：

项目上经常会有很多特别重要的情况需要向领导汇报，而不能擅自作决定，施工前多请示领导，在请示前把问题的核心原因分析清楚，将想要领导支持的目标表达出来，最少要有三种方案供领导选择，让领导做选择题，而不是做简答题，这个是经验之谈。

4.11.2 在过度竞争的市场行情下项目经理的管理重点都有哪些？

项目经理是项目管理的最终实施者，在过度竞争的市场行情下，对项目经理的要求越来越高，那么项目经理的管理重点都有哪些呢？

1. 项目初始阶段的重点工作

项目初始阶段是指从合同签订生效后到正式进场这一阶段。此阶段的主要任务是完成施工组织设计、总控计划编制、组织人员进场，创造开展项目工作的条件。项目初始阶段的工作由项目经理组织，项目组主要人员参加完成。项目初始阶段的工作对整个项目的实施具有宏观控制作用，成功的策划是项目成功的一半，它的工作范围、质量、深度和合理性对以后项目实施的成功与否至关重要。因此，项目经理在项目初始阶段必须投入相当的精力和时间。

1）研究熟悉合同文件

项目经理组织已明确的项目班子成员仔细核阅合同文件、协议、补充协议等各项有关合同文件，深入消化了解，据此来开展项目工作。主要包括：了解合同谈判背景、中标条件及合同主要条款，研究、熟悉合同的主要内容，研究制订执行合同的策略、重点及注意事项。

2）确定项目的组织机构与分工

进一步确定项目的组织机构与具体分工，使项目的每一项工作都落实到项目的一个部、室的一个专业组织，不能遗漏，也不能把一项工作重复委派给一个以上的部门。项目各部门实行动态管理，根据项目规模大小、复杂程度、专业协作条件关系，决定采取集中或分散的组织形式。

3）编制项目计划

项目总控计划是项目经理对项目的总体构思和安排。项目经理首先组织人员编制总控计划方案，提出对合同工期的意见，在技术和商务方面的可靠性和风险以及掌握项目进度、费用、质量和材料控制的原则和方法等，并经公司有关部门审查同意。接着再编制详细实施计划，并在项目开工会议上发布。这是项目工作的重要指导性文件。

4）组织项目开工会议

一般在合同生效后2~3周内，项目经理要组织召开项目组的开工会议。这是在项目组织机构已经建立、项目的任务已基本明确、项目计划已拟定并经批准后由项目经理主持召开的会议，它标志着项目实施工作的正式开始。会上由商务部同事介绍合同内容和情况，并由项目经理作项目开工报告，说明项目的任务、内容、目标、实施原则和规划，项目近期工作计划等，并进行工作动员。

2. 项目实施阶段的重点工作

项目实施阶段是指工程开工到工程实体竣工之前的阶段。主要工作内容包括临建进场施工、主体结构、二次结构、装修施工、小市政施工、绿化施工等。此阶段投入人力最多，延续时间最长，资金和物资消耗最大，要完成的工作量很大，要管理和控制的面很宽，是项目建设的主体阶段。项目经理在这个阶段除了自己要重视和加强质量、安全文明管理和控制外，更重要的是组织项目组全体人员各尽其职且协调配合完成好合同项目任务。项目经理要全面掌握项目进展情况，指导、检查、协调各项工作，处理、解决重大问题，使项目建设协调、顺利进行。

要抓好三大管控：

（1）进度管控。项目经理在管理好项目计划的同时，还要对计划中关键线路上的关键目标进行严格控制。为保证总计划按时完成，要合理调整资源配置，合理安排资金、工人、材料、机械的投入。在进度控制上，除了完成计划的目的外还应通过进度控制寻求提升综合效益。

（2）质量管控。项目的质量是业主非常重视的合同目标之一，它直接关系到项目的进度、费用和人民生命财产的安全，同时，不仅影响到业主的效益和社会效益，而且也决定着工程公司的信誉和发展。因此，项目经理必须严格执行公司的质量方针、质量手册，进行项目质量管理和质量控制，督促项目部有关人员重视质量并严格把关，尤其要对分包施工安装质量进行严格控制和管理。工程某部分一旦返工或发生质量安全事故问题，不仅对工期、资金产生影响和损失，而且在公司信誉、施工人员情绪等诸多方面也会造成不良影响。

（3）成本管控。工程建设是一个复杂的系统工程，各方面既相互关联又相互渗透，项目中各种管理和控制的优劣最后都会全面、综合地反映到费用上来，费用控制贯穿于项目的各个环节。因此，费用控制是四大控制中的重要内容，项目经理必须安排相当的精力和时间重视费用控制，尽量获得合理的、最佳的经济效益。做好费用控制，首先要审定、发表项目估算基础资料，抓好各阶段费用估算和费用分解指标，同时在施工中要不断检查计划费用执行情况。在工程项目实施中，要尽量避免窝工、停工、返工，减少浪费，降低风险。

3. 项目结束阶段的主要工作

项目结束阶段是指工程竣工后到项目交付验收并完成各项收尾工作的阶段。它是全面检查、考核合同项目实施工作成果的重要阶段。项目经理除指导、组织做好工程交工和业主验收外，还要做好项目总结和文件资料的整理归档工作，为公司积累有益经验。

1）组织验收，办理移交

工程施工达到工程竣工条件时，应及时办理工程移交。

2）项目总结

项目总结是项目结束阶段的重要工作，项目经理应组织项目组主要成员认真总结，包括工作中成功的经验、存在的问题及今后要注意的事项，并在集体总结的基础上提出项目完工报告，为公司积累经验、改善管理、提高效益。

3）文件、资料整理归档

项目经理在项目工作结束后三个月内组织有关人员做好项目的全部重要文件、资料的整理归档工作，为以后的工程报价、项目管理提供有参考价值的数据和资料。

4.11.3 项目经理如何做好施工组织管控?

1. 首先要熟悉自己的工作环境和工作职责，这是搞好施工现场管理的前提

项目经理在工程项目开工前一定要亲自踏勘，摸清项目所在地的地形、地貌、水文情况，对项目周围的资源情况及本工程与其他工程的关系、地位、对其他工程建设项目的影响等，都要详细地做好摸排。项目经理要知道自己所处项目经理这个岗位所要履行的职责和相对应的权力。

项目经理的主要职责：

（1）执行相应的法律、法规、政策和制度。

（2）履行施工合同，控制项目管理目标。

（3）生产要素的配置和管理。

（4）有关方面联络、沟通和协调。

（5）组织架构、岗位设置和项目规章制度。

（6）科技应用与创新。

（7）质量检验评定和竣工验收。

相对应的权限：

（1）组织方案编制及人员的配备、绩效考评、工作分配。

（2）施工生产要素的配置（施工分包、材料采购、机械租赁、资金使用等）。

（3）统一部署和指挥工程（施工例会和生产调度，施工技术质量、成本、工期和安全控制）。

2. 配备人员和健全机构，明确责任，是做好现场施工管理的组织保证

1）组织机构设置原则（图 4-25）

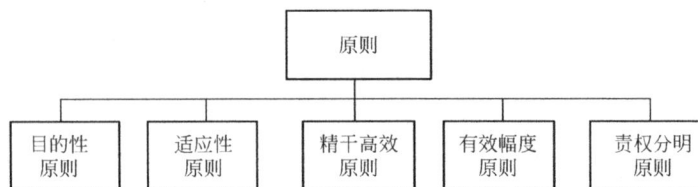

图 4-25　组织机构设置原则

2）组织机构设置层次（图 4-26）

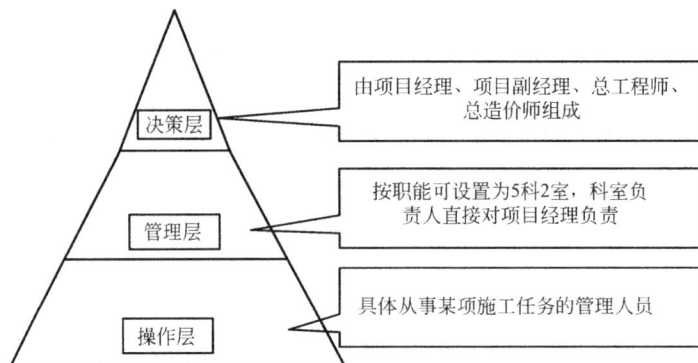

图 4-26　组织机构设置层次

3. 健全完善一套项目管理制度，落实好岗位责任制是规范现场管理的关键

必须在建章立制上下功夫，靠制度约束人，靠制度管理人，靠制度激励人。建立专项保证体系，与全体施工人员签订岗位责任制，做到"四确保"，即确保思想观念到位、组织管理到位、管理措施到位、安全责任到位，从而保证整个项目实施的有序进行。

需要建立的管理制度包括：

（1）项目经理责任制度；

（2）技术与质量管理制度；

（3）图纸与技术档案管理制度；

（4）计划、统计与进度报告制度；

（5）成本核算制度；

（6）材料物资与机械设备管理制度；

（7）文明施工、场容管理与安全生产制度；

（8）项目管理例会与组织协调制度；

（9）项目分包及劳务管理制度；

（10）项目公共关系与沟通管理制度等。

4. 11. 4　甲指分包进场，不交管理费，怎么办？

甲方与总包的合同中一般都会约定，分包的配合费用自行考虑在措施费用里，但是甲方跟甲指分包的合同中又约定不需要交总包配合费。这会使得我们对这些甲指分包难以管理，因此一定要与甲方进行沟通，让分包进场缴纳一定的总包配合费。如果甲方确实没有给我们单独的管理费，分包单位进场又不配合缴纳配合费，作为项目经理，为了甲指分包的管理，一定要有相应的措施来使得分包缴纳管理费。

进场前必须签订相关进场安全协议，缴纳安全管理费，分包发生安全事故，总包有连带责任，安全协议不签不允许进场。

甲指分包人员、设备和材料限制进场，完全按照他们签署的合同进行审查，只要有不到位的情形，不允许进场。

塔式起重机、施工电梯等不得使用。

不提供办公场地、仓库材料堆放场地。

严格进行管理，小到安全帽、安全带、背心，大到机械、配电箱以及现场防护措施、消防等，只要做不到位，就按照要求顶格处理。

4.11.5 公司各职能部室来工地检查，要做哪几项工作?

公司各职能部室来工地检查，不管是什么类型的检查，都要足够重视。

第一，针对公司不同的职能部门，要将之前来项目检查发现的问题在他们来之前再复查一下，避免同样的问题重复出现，否则会让职能部门觉得你们不重视他们。

第二，帮他们准备好办公室或者在会议室办公，准备必要的办公用品和陪同人员，负责提供资料和办公需求。

第三，准备必要的劳保用品，安全帽、反光背心和劳保鞋，必要的工作要专人专用。

第四，将项目对应部门的同事进行分工，对接陪同公司检查的同事，一定不能有职能部门的同事没人负责陪同的情况。

第五，检查完成后，要组织管理人员开会，必要的话检查出来的问题在会上就进行安排。

第六，安排专人负责吃饭、住行等生活上的事项，既不要怠慢他们，也要符合公司的规定。

案例 4-25:

项目经理要重视公司各职能部门的检查，无论是日常检查还是专项检查，对待职能部门一定要把后勤工作做好，接待有方，解决好他们在工作之外的生活起居和旅程通行。他们到项目上检查，要借助他们的力量来帮助项目更好地推进。一是可以给项目进行把脉，检查问题，消除隐患；二是可以帮忙推进一些需要公司协助的重难问题；三是可以把项目中的亮点、闪光点放大推广出去，让项目在公司内部更好地去展示，所以项目经理一定要重视职能部门的检查工作。

4.11.6 如何做好劳务及班组履约管控?

大家一定要发自内心地认识到，劳务和班组是我们的合作伙伴，不要低看人家，我们和他们只是分工不同，他们干不了我们的工作，我们同样也干不好他们的工作，双方只有在相互合作的基础上才能搞好工程管理，我们和他们是一损俱损、一荣俱荣的关系。

建设工程需要通过各位工人师傅的手一点一点地干出来，我们要发自内心地尊重他们。只有尊重他们的人格，理解他们的辛苦，才能得到他们的理解和支持，才能共同建好工程。

1. 要在尊重的基础上，搞好对施工队伍的服务工作

所谓管理，一方面在管，按国家、地方、行业、企业的要求去做；一方面是理，按一定的程序，理清头绪，合理地去做。

对人的管理一方面在于对他人的管理，一方面在于对自己的管理。一方面是监督，一方面是服务。其实，监督也是一种服务，管理的精髓应该是服务。

在我们感觉施工队伍不好管理的时候，我们应该认真地想一想，我们对施工队伍服务得怎么样？我们是否像对待兄弟姐妹一样对待他们了？他们住得怎么样？他们的食堂怎么样？他们的业余生活怎么样？物资设备是否及时到位了？工作面是否及时提供了？工作环境是否安全、文明？安全保证措施是否到位？我们项目部的测量放线工作是否到位？我们的技术工作是否到位？是否因为技术工作不到位引起了无谓的返工？我们的技术人员是否加强了过程的跟踪服务、技术指导、控制、及时提醒？是否等到分项工程已经完成，已经形成了难以更改甚至无法更改的既成问题才命令工人更改？我们的技术人员是否只会死抠书本，甚至只会讲外行话？我们是否做到了事前的技术与安全交底？

我们应该充分地认识到，所有的工作安排、监督、控制、管理、纠偏都是一种服务。抱着服务的心态，抱着为工人着想的心态才能做好工程管理。每个工人在工地花的每一分钱都是施工企业的。我们提供好服务，让工人赚到钱，工人才会真正听从我们的管理，才愿意和我们打交道。

假如我们服务不好，造成窝工、返工、工效降低等情况，工人不赚钱，或者赔钱，他们还会找我们要求补偿，即使不要求补偿，也不会说我们公司的好，不愿意再和我们打交道。

工人的事就是我们企业自己的事，是我们施工技术人员自己的事，我们要搞好对施工队伍的服务工作。

2. 要在尊重、服务的基础上提高管理手段和方法

尊重和服务非常重要，但尊重和服务代替不了管理，以尊重和服务为核心的人本管理不是管理的全部，管理者还需要具有必要的方法、手段、策略。

1）动之以情，晓之以理

要告诉我们的管理人员，对工人要好言好语地沟通，动之以情，晓之以理，尽量不要直接对工人下命令，要切忌对工人出言不逊，恶语伤人。骂工人、吵工人，轻则工人不听，重则会遭到工人的辱骂甚至暴打，越尊重越能起到管理的作用。

对工人也不要动不动就说罚款、开除之类的话，我们不直接对工人开工资，罚款和开除之类的话往往无效，成了虚张声势，从而降低了管理的效率。

2）要让管理人员会利用领导的力量

针对工人的问题，在与工人沟通无效的时候，不要对工人采取过激行动，而应该与班组长沟通，与班组长沟通无效后，可以与队伍带班人员沟通，与队伍老板沟通，如果再不能解决，要立即向项目经理汇报，利用领导的力量与队伍老板沟通，一直达到管理的目的。

尽管可以向经理汇报，但是，这是最后的解决方式，不要轻易使用，现场的管理人员要尽量把矛盾和问题在一线及时解决。

3）做好工作安排，赢得队伍的信任和尊重

作为施工管理人员，要站在工人的角度思考问题，为他们的工作出主意，想办法，减少窝工、返工，让他们的工效更高，赚到更多的钱，用自己的管理、技术水平和关心他们的诚意打动他们，这样，他们才会更加便于管理。

4）奖罚分明，多奖少罚

奖励和罚款都是管理的一种手段，罚款不可过多过勤，否则，工人会非常反感，甚至麻木、无所谓，这时罚款会变得苍白无力，会成为一种失效的手段。奖励可以作为一种常用的手段，并且要奖励到位，对一次性通过验收的班组进行小额奖励，对完工后清理场地的文明施工班组进行奖励，对安全工作做得好的班组进行奖励，对材料使用节约的工人进行奖励，对整改及时者进行奖励，采用各种小奖励来促进各方面的管理工作。

5）施工技术人员要多提高自己的综合能力

一方面提升技术水平，一方面提升讲话能力、沟通能力、书面表达能力，这样，就无形中提升了管理能力，提升了自己的权威性。

6）施工技术人员要不辞辛苦

施工技术人员要做到腿勤、嘴勤、脑勤、手勤、眼勤，及时发现问题、分析问题、解决问题，我们的辛勤工作可以换来队伍的理解、同事的尊重、领导的认可。

7）施工技术人员应该具有广阔的胸怀

施工技术人员要能受气，忍辱负重，百折不挠地进行管理，不达到目的决不罢休。在管理中难免会生气窝火，我们要及时调整自己，多采用几种方式，不管是忍着气还是吞着声，把工作做好才算是有能力，忍气吞声、左思右想、百折不回、克服困难的时候正是能力大幅提升的时候。

3. 坚持不懈地抓好各项工作，搞好施工队伍的管理

管理者与被管理者是一种意志力与意志力的较量，是行动上的拔河，思想上的博弈。要做好管理，管理者就需要持之以恒，坚持不懈。我们施工技术人员不要觉得队伍不好管，因为他们不听就放弃管理，任何人的命令，别人都不可能百分之百地完全听从。

但是，人性的弱点决定着人的行动，管理没有百分之百，没有绝对令行禁止，没有一蹴而就，没有一劳永逸。管理是一个漫长而持续不断的过程，我们完全没有必要因为队伍没有完全听从管理而抱怨，更不能因为他们不听从管理而放弃。

我们的管理人员要多想办法——表扬、奖励、罚款、谈心、讲道理、交朋友……用多种手段进行管理，坚持原则，不放松底线，咬定青山不放松，意志坚定地做好质量、安全、文明施工、成本控制、工期管理，做好施工队伍的管理。

最后，必须要说，只有平等和换位思考才是做好劳务队伍管理的前提。项目经理一定要让自己的管理团队都充分认识到这一点。

案例 4-26： ·-

关于劳务管理，项目经理要给管理团队树立我们是给劳务做服务的项目部，他们是工程建设的主力军的观念。作为项目管理人员，要立足本岗，做好我们的技术支持、管理和服务，让劳务班组能够把力气都花在保质、保量、保安全上，从而完成业主的各项生产任务，更好地发挥劳务的施工水平，而不是互相掣肘，相互拉扯，最后导致项目进行过程中管理没人听，管理难度大，项目管理人员闹情绪，最终的节点完不成，不欢而散。

4.11.7　如何做好大客户管理履约管控?

1. 大客户的概念

大客户是一个比较的概念，指为企业创造相对大的效益或对企业经营影响相对较大的客户。建筑企业的大客户通常是规模大、财务信誉良好、技术管理水平高、代表着行业的发展方向、具有行业领先水平的客户。

2. 大客户对建筑企业经营绩效的作用

大客户对提高企业经营绩效的作用主要体现在以下几个方面：

（1）建筑企业的大客户是企业生存和发展的保证。根据市场营销的"二八定律"，一般来说80%的收入和利润来自20%的客户。所以，从这点看来，大客户已经成为建筑企业维持生存和发展的命脉。

（2）建筑企业的大客户对提高企业的管理水平和技术实力有着巨大的推动作用。大客户由于其自身管理规范，对工程项目的质量、安全及项目管理要求严格，因此有利于建筑企业提高自身管理水平及其产品的质量。

（3）建筑企业的大客户对企业产品的推荐，对企业拓宽市场渠道有着巨大的推进作用。由于大客户影响力大，如果这些客户对产品满意，他们就自然地成了企业品牌的推荐者，而且这种客户的推荐比起企业自身的推销更有说服力。

（4）节约营销成本。根据市场营销理论，发展一位新客户的成本是挽留一个老客户的3～10倍，向新客户推销产品的成功率是15%，向老客户推销产品的成功率是50%。大客户促进建筑企业的营销集约化，简化营销流程，从而降低营销成本。尤其是老的大客户，有新的工程项目时，会主动跟原合作建筑企业联系，使建筑企业极大地节省了争取新客户所要花费的营销成本。

（5）提高建筑企业的抗风险能力。因大客户抗风险能力较强，项目进展稳定，故其成为建筑企业抵御市场风险的强有力保证，促进了企业的快速增长，使建筑企业抗风险能力越来越强。

3. 建筑企业大客户营销管理措施

（1）将客户管理上升到企业发展战略的高度。企业发展的每个阶段都离不开客户，因此企业发展的战略目标和实现步骤必须从使客户潜在需求和长远利益得以满足和实现的高度来处理。首先，建筑企业要有大客户管理的战略意识与思维，并将这种意识与思维传递到全体员工身上。如果企业上下对大客户管理不能达成共识，那么大客户管理的执行效果就会大打折扣，大客户管理就得不到来自企业文化的支持。其次，制订大客户管理的远景与战略目标，并形成具有操作性的大客户管理策略与行动计划。最后，要建立战略性大客户选择标准，制订具体的大客户发展计划，而这种发展计划要和整个企业的其他经营发展计划相匹配。

（2）对不同客户进行分类，实施"差异化"的营销策略。

建筑企业的客户大体上可分为五类：中央和地方政府及其行政部门、事业单位、中央企业、一般公司、房地产开发商。因不同客户间存在文化差异、价值取向差异及运行模式差异等，导致不同客户在项目实施全过程中，在兼顾整体项目情况符合规范、设计要求的同时，关注的重点有着明显的区别。如政府部门及中央企业最注重的是施工单位的实力、管理、质量，事业单位注重与公司关系的疏密程度，一般公司注重施工单位的产品质量、价位和服务等方面，而房地产开发商更注重价位、工期。根据这种差异，建筑企业要积极寻求解决办法，实施和深入推进"差异化"的特色营销战略，及时调整企业的治理结构、组织架构、运营机制，满足客户的不同需求，来维护企业的大客户。

（3）根据项目生命周期的不同阶段，采取不同的营销措施。建筑工程从开始跟踪到项目结束、结算、收回工程款一般都要经历5～6年的时间，建筑企业与业主要共同工作相当长的一段时间，所以建筑企业与客户相互之间的信任、相互了解与配合很重要。项目生命周期又分为合同签约、项目实施、竣工结算等三个阶段。类似于项目生命周期，建筑企业与客户的关系也是一个合作或分裂的动态过程，这个过程被称为"客户关系生命周期"。该周期可分为开始阶段、投标阶段、施工运行阶段、项目评估阶段等四个阶段。

建筑企业只能从项目开始阶段进入客户关系生命周期，并利用企业资源使双方关系保持，一旦退出循环，损失严重。企业的"客户关系生命周期"，决定了企业不同阶段应采取不同的营销措施使与客户的关系保持下去。

（4）加强项目管理，干好每项在手项目，以现场管理促市场营销。新时期的营销是包括了生产、管理、经营在内的一整套循环体系。要打动大业主，赢得大项目，仅仅靠营销人员和领导营销是不够的，必须有良好的业绩、扎实的项目管理能力，只有这样，企业的快速发展才是健康的、可持续的。"抓现场管理就是最好的营销"，要倡导人人都是营销人员，做好本职工作是最大的营销，尤其项目管理人员是一线营销先锋。把项目管理、现场管理纳入营销工作之中，用今天的现场赢取明天的市场，通过现场促市场，实现从领导营销向全员营销的转变，实现"市场—现场—明天的市场"的良性循环。

（5）转变客户管理工作重心，重视客户品质，提高大客户集中度。建筑企业的客户大大小小有几十个，甚至有上百个，而且分散在不同的地区。因客户数量多，无法进行一对一的营销管理。要将客户管理工作重心从单纯的客户数量追求向客户品质转变，逐步提高大客户集中度。对老客户，须重新评估客户的综合实力，在承接新项目时，从规模上、工程类型上要有一个考量。对新客户，一旦确定目标，要全方位、持续不断地去开发、去发展。

（6）改善客户结构，从而提高企业的盈利水平。多数建筑企业的大客户主要集中在房地产开发商，但是房地产公司为争取更多的利益，压低工程造价，经常拖欠工程款，合同条件也比较苛刻，项目盈利空间小，风险较高。因此，在选择客户过程中，要把央企、上市公司、事业单位作为重要目标，通过调整客户结构来改善企业的产业结构，提高企业获利能力。

4.11.8　项目经理如何做好现场管理工作？

项目经理对于现场的管理工作，要掌握方法，不要事无巨细，但一定要看结果，看目前状态。如果现场表现出来的状态不对，结果不符合要求，一定要拿出来，该整顿的就一定要下重拳，要在问题出现损失最小的时候进行纠偏。在现场巡查过程中，发现了问题，要倒退回去思考，分析到底是公司流程问题、制度问题，还是人的问题，是管理人员不细心、不负责任，还是对业务知识不了解、不清楚，要善于发现问题的核心点，这样带着管理人员去理顺管理的思路，避免其他类似的问题再发生。

对于现场出现的问题，要进行分类，一般来说，现场出现的进度、质量、安全、成本等问题，都是有原因的，专业能力不足的，加强传帮带。当项目上遇到普遍性问题，而且比较频繁的时候，一定要停下来，整顿好了再上路，仔仔细细研究问题的本质原因，带领大家一起找到问题的关键，制订好下一步的整改措施，一起解决掉这个问题，大家从中都掌握了方法或者得到了答案，再恢复正常的施工节奏。

但是项目经理一定要注意，要记得回头看，及时进行纠偏，巩固正确的成果，让大家在同一个问题上不再犯错误，让大家学习到处理问题的方式和方法，触类旁通地处理管理过程中遇到的各类问题，达到举一反三的效果。

4.11.9　项目经理如何做好甲指分包进场管理工作？

许多做过总包的朋友都知道，对于施工现场的一些专业工程，存在许多甲方指定分包施工的情况，例如外墙工程、土方工程、桩基工程、精装修工程等。这些甲方指定的分包单位直接服从甲方的管理，同时一般情况下工程款也无须从总包单位通过，直接由甲方打给专业承包单位，这就给总承包方对施工现场的管理造成了很大的困扰，人家不"睬"你，你拿他们还没有什么办法，更为严重的是，一旦出现了质量、安全等重大问题，总承包方还要承担管理与连带责任，这种情况下，是不是会有苦说不出来？

对于甲指分包的管理问题，重要的一点是做好前期的预防工作，一旦出现问题，我们可以拿出有利的凭证，无论是处罚还是规避责任，都非常重要。下面，就笔者接触到的甲指分包管理的一些措施与方法，与大家分享一下。

1. 甲指分包单位进场必须提交的资料

1）进场施工前必须向项目部递交相应的证件复印件（加盖其公司印章）。文件数量一式三份，总包、监理、业主各一份。

（1）企业营业执照；

（2）企业资质证书（注意检查其资质等级是否在许可范围内）；

（3）企业经营手册；

（4）安全生产许可证及 ABC 三证；

（5）开工许可证（或甲方通知的进场通知单）；

（6）项目经理证书以及安全员、质量员等相关专职管理人员证书、法人授权委托书；

（7）管理人员的社保证明、劳动合同、工资发放证明；

（8）分包单位与业主签署的合同。

2）提交自身审核后的承包工程施工组织设计及方案。施工组织设计和方案以书面和电子文档形式同时提交（分包单位编制人、审核人、审批人签字，单位盖章），报总包项目部，项目部项目经理、技术负责人审核后按照公司审批流程审核，需要专业论证的施工方案必须论证完成。

3）进场前提交的其他安全资料：

（1）安全协议；

（2）职工花名册；

（3）操作工人上岗证；

（4）所有工人的身份证复印件、照片；

（5）上岗资格证书或特殊工种操作证（证件有效性）；

（6）健康证明；

（7）综合保险办理证明；

（8）相关人员社保证明、劳动合同、工资发放证明。

2. 甲指分包资料加盖公司行政章的条件

1）必须有甲方、总包、分包三方协议，对分包有租赁外吊篮的特殊情况，要签订四方协议。

2）甲指分包还必须签订承诺书。

3）总包与甲指分包必须签订安全施工协议、施工现场安全处罚条例。

4）甲方与其分包签订的专业承包合同复印件。

5）与甲指分包合同的解除：

（1）所有总包与甲指分包单位签订的专业分包合同，必须在签订的当日内，完成相应的合同解除的手续。

（2）解除合同时须明确原合同编号、原合同签订日期、原合同名称，必须与原合同一致。

3. 过程管理要求

（1）进场后必须组织分包单位所有管理人员参加安全技术交底会并形成会议纪要等资料；并核实上报人员和现场人员是否相符。

（2）对分包方的施工作业人员进场后组织三级安全教育及相应的考试，考试合格后方可施工作业。

（3）项目安全部要把分包单位安全员列入安全管理体系内，同时对安全员到岗情况进行考勤。

（4）每周组织分包单位负责人和安全员对项目进行安全大检查，并督促隐患整改工作。

（5）监督分包单位安全晨会和安全交底工作，并定期组织检查。

（6）加强施工过程中对分包作业的巡查，对发现的质量和安全问题以书面形式下发整改单并督促整改。

（7）现场动火作业，必须由项目安全员开具动火审批后方可进行。

（8）监督分包单位按照实名制管理的要求进行劳务管理，相关资料包括花名册、考勤表、工资表等报项目部检查存档。

（9）监督分包单位的资料管理工作，必须保证资料的及时性和真实性。

（10）严格执行各类协议条款，确保分包管理工作井然有序。

4. 工程验收与资料填写

（1）甲方分包承包工程，应由分包项目部管理人员、总包、监理、甲方共同验收，办理签字手续。

（2）工程资料表格中凡是有分包单位签字栏的一定要填上。没有分包单位签字栏的，要求分包单位在施工单位一栏签字、盖章，或由分包单位另写一份同意验收备忘录。

（3）分包工程质量如有问题，特别是桩基、幕墙等重要分包项目工程，必须坚持原则，没有监理认可的处理方案、没有进行处理，不得同意签字，也不得进行下道工序验收，必须及时发文至甲方。

5. 工作面移交

（1）工作面移交或安全防护设施移交必须明确各方移交人，要有书面的记录或例会记录，并做到及时移交。

（2）工作面移交的内容要写全面，移交时的状况要写清楚，必要时留照片或影像资料，特别是安全防护设施的移交，必须有照片。

以上就是我们在甲指分包的前期及在过程管理中对甲指分包出现安全及质量问题的预防，关键点还是与甲方及专业承包单位的沟通与协调，在保证安全、质量的前提下，推进项目前行，这才是大家共赢的局面。

4.12　项目经理与项目管理人员如何配合？

4.12.1　项目经理与项目总工如何配合？

作为项目经理，如何用好技术总工，对项目管理来说非常重要，不同的总工能力不同、经验不同、个性不同，肯定有不同的管理方法。针对不同的技术总工笔者谈谈一些个人的做法。

1. 要充分了解他的专长

总工，作为项目的军师，主要是深挖技术管理，还要兼顾安全、生产、质量等现场实操性技能，辅助项目经理做好项目内部的各项管理工作。

一个总工，在他的工作范畴内，哪些是他的专长，项目经理一定要了解清楚，这样才能充分发挥他的个人能力。一旦总工能够发挥专长，处理事情得心应手，就会加强他的正向反馈，势必对工作更加投入。

2. 要了解他的性格

有些总工不善交际，一心扑在技术管理上，那项目经理就要适当安排他减少对外交际，减少沟通协调的内容，让他能够在技术、质量管理上下功夫，优化工序工法，解决"疑难杂症"，一样可以给项目带来不错的效益。

3. 要对总工有充分的尊重和授权

项目总工要对接设计，要对接工程、商务、质量和资料部门，还要对接分包单位技术管理人员，要授权一部分的决策范围，要尊重总工的意见，如果对项目有利一定要给予各方面的支持，让总工针对项目，选择施工简单、质量可控、成本更节约的做法，为项目创造更多效益。如果没有相应的授权和尊重，总工不去下功夫研究，很可能就按图施工，不花心思，直接选用施工难度大、费工费材料而且还创收不了效益的做法，关键按图施工也没有什么做错的地方。

4.12.2　项目经理与生产经理如何配合？

生产经理是施工项目现场管理的一把手，他将项目经理的要求进行现场组织安排和执行。现场分包多，遇到的事情纠纷也很多，需要生产经理深入现场去解决这些问题。对于施工现场，项目经理对生产经理应该充分信任和授权，现场的生产组织和协调要让生产经理进行安排，只要不出问题、井井有条，项目经理就要支持生产经理的工作。当然，项目经理也要对现场的状态进行了解，是不是完成了公司的进度目标，现场的质量和安全是不是可控，如果都没有问题，现场就要充分地发挥生产经理的专长，让生产经理更多地处理现场的施工协调安排。而项目经理，不用事无巨细地什么都管，更不用直接去管理基层，要发挥生产经理承上启下的作用。

4.12.3　项目经理与商务经理如何配合？

商务经理，虽然不是工程中最具有技术含量的，但却是接触面最广的，下到分包、班组，上到业主、咨询、监理的办公室，都有商务人员的身影。只有商务做好了，项目才能赢取更多的利润，让项目更好地推进。

项目经理要给予商务经理更多部门支持，在项目初始阶段，要组织技术、质量和安全部门负责人一起对项目进行策划，商务经理要提出详细的盈利点，在其他部门的充分研讨下，充分发挥商务经理的商务谈判能力，制订符合图纸、规范以及业主要求的工期、材料、机械选择方案，选择合适的劳务分包，这样对整个项目管理成本会更可控。

4.12.4　项目经理与其他管理人员如何配合？

1. 项目管理团队的重要性

（1）项目管理团队是指本着共同的目标、为了保障项目的有效协调实施而建立起来的组织，一般由项目经理和团队成员组成。项目团队大多实行项目经理负责制的团队组织体系，其组员包括技术组员、施工组员、安全员、质检员、财务人员等项目所需的人员。

（2）项目管理团队建设是项目经理和项目管理团队成员的共同职责，团队建设过程中应创造一种开放和自信的气氛，使全体团队成员有统一感和使命感。项目经理要确保团队成员间保持相互交流沟通，并为促进团队成员间的社会化创造条件。团队成员也要主动地创造条件加强沟通和融合。

（3）项目管理团队应坚持以下基本行动准则，实践证明，这些都是保证项目成功的关键，即：以客户为中心；具有明确的目标；加强训诫指导；建立公认的约束条件；形成相互交流沟通和召开有效会议的习惯；保证职责分明、分工明确、责任清晰；强化决策机制；健全问题处理机制；及时高效地反馈信息；注重工作流程重塑；加强学习，实行可持续发展。

2. 如何管理团队

工程项目团队是为了适应项目的有效实施，而建立的一组相互联系、同心协力地进行工作，以实现项目目标的团队。那么，怎样组建工程项目管理团队呢？

1）努力提高团队的整体质量意识

施工人员应当树立五大观念，即质量第一的观念、预控为主的观念、为用户服务的观念、用数据说话的观念以及社会效益、企业效益（质量、成本、工期）相结合的综合效益观念。

2）加强、提高团队中人员的素质

领导层、技术人员素质高，决策能力就强，就有较强的质量规划、目标管理、施工组织和技术指导、质量检查的能力；管理制度完善，技术措施得力，工程质量就高。操作人员应有精湛的技术技能、一丝不苟的工作作风，严格执行质量标准和操作规程的法治观念；服务人员应做好技术和生活服务，以出色的工作质量，间接地保证工程质量。提高人员的素质，可以依靠质量教育、精神和物质激励的有机结合，也可以靠培训和优选，进行岗位技术练兵。

3）逐步建立积极向上的文化氛围

任何一个项目团队，其项目目标的实现与团队中每个成员的努力都有着密不可分的联系。因此，在项目团队中营造公平向上、敬业创新的文化氛围就显得非常重要。项目的文化氛围有赖于项目经理在日常的言行和具体的管理中倡导。一个好的文化氛围，每个成员都能感觉到被尊重，在项目团队里大家公平竞争，一起学习，遇到困难大家勇于面对，努力克服。

4）树立一个有威信的领导形象

有威信的项目经理，能团结项目团队全体成员，激发出项目团队成员的潜能，能使项目团队有凝聚力、核心竞争力。项目经理的威信会在项目即将出现混乱的时候起到很大的作用。企业的授权是项目经理威信建立的必要和首要条件。项目经理个人的能力和魅力是威信建立的基石，扎实的专业能力与丰富的与人沟通能力、解决冲突的管理经验等同等重要。项目经理要有良好的个人修养和道德品质。建立和培养共同的爱好也有利于个人威信的培养。

4.12.5　如何寻找项目亮点，为项目加分？宣传很重要

每一个工地都会有自己的亮点，可以是质量方面的创新小发明，成本低、效果好，也可以是安全文明方面的创新举措，容易实现，更可以是管理上的亮点。总之，亮点就是为了促进工地施工进度、质量和安全文明管理方面的各项举措。

施工中的各种亮点可以提升一个项目的整体形象，这是管理者为了促进生产、进度、质量和安全而作的策划。能够提升现场工地的安全文明施工水平，发挥文明工地以点带面、示范引领的作用。每一个施工亮点，都有其结合企业特性、工程特点、施工难点等综合要素而展现的创优亮点。这些亮点，可以成为同行可学、可比、可复制的重点。

项目的亮点有了，如何给项目加分，在施工单位的各项检查、业主的检查和第三方的检查，以及外部部门的检查中，能否让项目更好地对外展示呢？好的东西、好的亮点一定要让大家都知道，不仅仅是自己的项目，更要让公司知道，业主知道，外部单位知道。展示的方法有很多。

（1）做好项目亮点的汇报材料，融入每次的检查汇报，或者公司月度工作汇报里（图4-27），让公司的职能部门进行推广，让第三方的检查人员去推广亮点，如果是首创，一定要注意做好能反映哪个项目的标记，这一点很重要，只有最先提出来、做出来，才能

图 4-27　月度工作汇报

让大家知道谁是第一个，而不是让别人做了宣传，却忘记你是最先"吃螃蟹"的。

（2）将亮点汇报材料报送给当地的主管部门，可以组织学习、参观交流，可以让主管部门帮助宣传，这样做一是可以交流提升，二是在主管部门留下了更好的印象，对后续的工作有正向推动作用。

4.13　与监理、甲方、质监等各方的沟通工作

现代项目中参建单位非常多，形成了复杂的项目组织，各单位有着不同的任务、目标和利益，他们都企图指导、干预项目实施过程。项目组织的利益冲突比企业内部各部门间的利益更为激烈和不可调和，而项目经理必须使各方面的关系协调一致，齐心协力地推动整个项目的顺利实施。

项目经理在工程施工的过程中起着重要作用，是施工项目实施过程中所有工作的总负责人，在工程建设过程中起着协调各方面关系、沟通技术、信息等方面的纽带作用，在工程施工的全过程中处于十分重要的地位。项目经理的职责和工作性质决定了他必须具有一定的个人素质、良好的知识结构、丰富的工程经验、协调和组织能力以及良好的判断力。实践证明，任何一种能力的欠缺都会给项目带来影响，甚至导致项目的失败。因此，项目经理在工程实施的过程中不仅要利用自己所掌握的专业知识，灵活自如地处理发生的各种情况，还要在工程施工管理中处理好各种关系。

项目经理所领导的项目经理部是项目组织的领导核心。通常，项目经理不直接控制资源和具体工作，而是由项目经理部的职能人员具体实施控制，这就使得项目经理和职能人员之间以及各职能人员之间存在界线和协调。下面就通过笔者的经历，谈谈作为项目经理应如何处理好各方关系的认识。

4.13.1　项目内部人际关系的协调

1. 项目经理与技术专家的协调

技术专家往往对基层的具体施工了解较少，只注意技术方案的优化，注重数字，对技术的可行性过于乐观，而不注重社会和心理方面的影响。项目经理应积极引导，发挥技术人员的作用，同时注重全局、综合和方案实施的可行性。

2. 项目经理部与企业管理层关系的协调

项目经理部与企业管理层关系的协调依靠严格执行"项目管理目标责任书"。项目经理部受企业有关职能部、室的指导，既是上下级的行政关系，又是服务与服从、监督与执行的关系，即企业层次生产要素的调控体系要服务于项目层次生产要素的优化配置，同时项目生产要素的动态管理要服从于企业监管部门的宏观调控。企业要对项目管理全过程进行必要的监督、调控，项目经理部要按照与企业签订的责任状，尽职尽责、全力以赴地抓好项目的具体实施。

3. 项目经理部与材料供应商关系的协调

项目经理部与材料供应商应该依据供应合同，充分利用价格招标、竞争机制和供求机制搞好协作配合。项目经理部应在项目管理实施规划的指导下，认真做好材料需求计划，并认真调查市场，在确保材料质量和供应的前提下选择供应商。为保证双方顺利合作，项目经理部应与材料供应商签订供应合同，并力争使得供应合同具体、明确。为了减少资源采购风险，提高资源利用效率，供应合同应就数量、规格、质量、时间和配套服务等事项进行明确。项目经理部应有效利用价格机制和竞争机制与材料供应商建立可靠的供求关系，确保材料质量和使用服务。

4. 项目经理部与分包人关系的协调

项目经理部与分包人关系的协调应按分包合同执行，正确处理技术关系、经济关系，正确处理项目进度控制、质量控制、安全控制、成本控制、生产要素管理和现场管理中的协调关系。项目经理部还应对分包单位的工作进行监督和支持。项目经理部应加强与分包人的沟通，及时了解分包人的情况，发现问题及时处理，并以平等的合同双方的关系支持承包人的活动，同时加强监管力度，避免问题的复杂化和扩大化。

项目内部关系可以通过管理制度等来规范操作，比较容易理顺、协调。这里我们讨论施工现场与业主方、监理方、设计方的关系协调。

4.13.2　项目外部公共关系的协调

沟通是组织协调的手段，是解决组织成员间障碍的基本方法。协调的程度和效果常依赖于各项目参加者之间沟通的程度。

随着改革开放的不断深入，行业竞争的日趋激烈，对项目管理者在处理内外部关系上提出了更高的要求。项目经理要在人际关系上做到游刃有余，必须具备较高的素质及涵养。首先，要博学多识、眼光开阔、通情达理，要具有现代科学管理技术、心理学等基础知识，树立好自己的形象；其次，要多谋善断，灵活多变，具有独立解决问题和分析沟通的能力。项目经理除了应具备以上这些素质要求外，在现场还要处理好业主及监理等社会各方面的公共关系（图4-28），客观上要运用好现代公共关系学知识，主观上要端正态度，

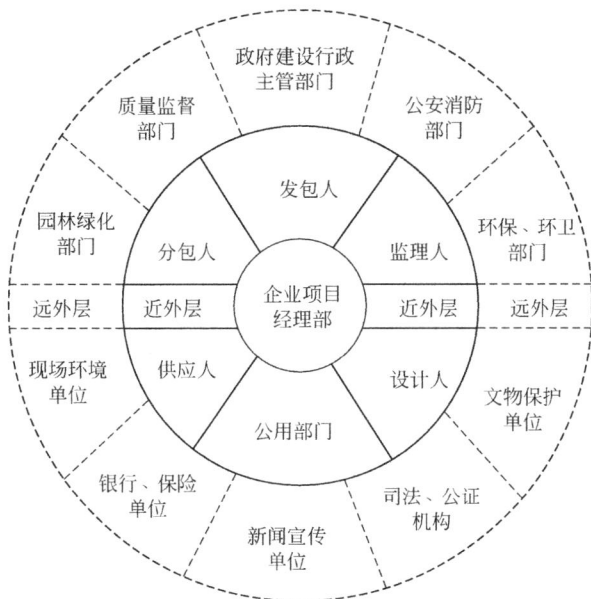

图 4-28 外部公共关系图

有谦虚好学的精神及"三人行必有我师"的思想。

1. 项目经理与业主之间的协调

业主代表项目的所有者,对项目具有特殊的权利,要取得项目的成功,必须获得业主的支持。

项目经理首先要理解总目标和业主的意图,反复阅读合同或招标文件。对于未能参加项目决策过程的项目经理,必须了解项目构思的基础、起因、出发点,了解目标设计和决策背景,否则可能对目标及完成任务有不完整的甚至无效的理解,这会给工作造成很大的困难。如果项目管理和实施状况与最高管理层或业主的预期要求不同,业主将会干预,将要改变这种状态。所以,项目经理必须花很大力气来研究业主的意图,研究项目目标。

让业主一起投入项目全过程,而不仅仅是给他一个已经竣工的工程。尽管有预定的目标,但项目实施必须执行业主的指令,使业主满意。业主通常是其他专业或领域的人,可能对项目懂得很少,解决这个问题比较好的办法是:使业主理解项目和项目实施的过程,减少非程序干预;项目经理作出决策时要考虑到业主的期望,经常了解发包人所面临的压力,以及发包人对项目关注的焦点;尊重业主,随时向业主报告情况;加强计划性和预见性,让业主了解承包商和非程序干预的后果。

项目经理有时会遇到业主所属的其他部门或合资者各方同时来指导项目的情况,这是非常棘手的。项目经理应很好地倾听这些人的忠告,对他们作耐心的解释说明,但不应当让他们直接指导实施和指挥相关组织成员。否则,会有严重损害整个工程实施效果的危险。

2. 项目经理与监理机构关系的协调

在项目施工期间,一般情况下业主及监理人员出于对工程质量和进度的责任心,每天都会在施工现场检查、询问,指导一些质量、进度上的问题,有时会提出一些意见及建议，这时现场管理人员既要接受业主及监理单位的监督，又要维护自己的正当利益。双方最终的目的都是使施工工程按时保质地完成，一定要互相尊重，互相理解，不要以为业主和监理的意见和建议都是和自己过不去，不听不管，认为自己做的是正确的。要认识到"智者千虑，必有一失""旁观者清"的道理，特别是一些年轻的项目经理，年轻气盛，感情用事，自己没有按设计规范要求的去做，把别人的良言忠告当成找茬，因此而造成工程施工中的返工现象。那么，怎么能得到业主及监理的支持和帮助呢？首先，必须有亲和力，一个新的业主及监理人员，如何融入他们当中去，这在前面已经说到过，就是要有胆识和应变能力。一回生，二回熟，不为公关而公关，放开胸怀，以情换心，事半功倍。要豁达大度，不固步自封，要诚信善交，不夸夸其谈，爱好广泛。通过不断交往而成为良师益友、合作的好伙伴，从他们那里一定能够受益匪浅。否则，欲速则不达。其次，要推销自己，特别是专业特长，有的业主及监理也不是很专业，提出的问题和建议不是很恰当。此时，你要充分发挥你的专业特长，提出你的见解、理念，耐心宣传，取得他们的认同。

工程施工中，会遇到一些设计变更和增加工程量的问题，联系业主及监理确认签证对项目的管理者来说，是一个较深层的话题，直接关系到工程施工的成本和利润。这就要求项目经理在精通预决算的同时，还要懂得设计的基本知识，才能更好地完成此项工作。关键的一环是能否得到业主和监理的认可，这个学问就更深了。一是要及时和业主、监理取得联系，确认工程量后再施工。二是对施工后签证的工程、工作要更仔细周到，要经常请业主及监理到现场踏勘确认，避免事后发现问题。只要做到耐心、细致，不虚报、谎报，业主和监理都会按实际情况给予签证，而不是言传中的给业主及监理人员请吃请喝、送礼到位，就可不切实际地增加工程量，使项目得到高效益。

3. 项目经理与设计单位关系的协调

项目经理应在设计交底、图纸会审、设计洽商与变更、地基处理、隐蔽工程验收和交工验收等环节与设计单位密切配合，同时应接受业主和监理工程师对双方的协调。项目经理应注重与设计单位的沟通，对设计中存在的问题应主动与设计单位磋商，积极支持设计单位的工作，同时也争取设计单位的支持。项目经理在设计交底和图纸会审工作中应与设计单位进行深层次交流，准确把握设计，对设计与施工不吻合或设计中的隐含问题应及时予以澄清和落实；对于一些争议性问题，应巧妙地利用业主与监理工程师的职能，避免发生正面冲突。

4. 项目经理与其他单位关系的协调

项目经理与其他有关单位应通过加强计划性和通过业主或监理工程师进行协调。

具体内容包括：要求作业队伍到建设行政主管部门办理分包队伍施工许可证，到劳动管理部门办理劳务人员就业证；办理企业安全资格许可证、安全施工许可证、项目经理安全生产资格证等手续；办理施工现场消防安全资格认可证；到交通管理部门办理通行证；到当地户籍部门办理劳务人员暂住手续；到当地城市管理部门办理街道临建审批手续；到当地政府质量监督管理部门办理建设工程质量监督通知单等手续；到市容监察部门审批运输不遗撒、污水不外流、垃圾清运、场容与场貌等的保证措施方案和通行路线图；配合环保部门做好施工现场的噪声检测工作；因建设需要砍伐树木时必须提出申请，报市园林主管部门审批；大型项目施工或者在文物较密集地进行施工，项目经理应事先与市文物部门联系，在施工范围内有可能埋藏文物的地方进行文物调查或者勘察工作，若发现文物，应共同商定处理办法；持建设项目批准文件、地形图、建筑总平面图、用电量资料等到城市供电管理部门办理施工用电报装手续；自来水供水方案经城市规划管理部门审查通过后，应在自来水管理部门办理报装手续，并委托其进行相关的施工图设计，同时应准备建设用地许可证、地形图、总平面图、基础平面图、施工许可证、供水方案批准文件等资料。

项目经理与远外层关系的协调应在严格守法、遵守公共道德的前提下，充分利用中介组织和社会管理机构的力量。远外层关系的协调应以公共原则为主，在确保自己工作合法性的基础上，公平、公正地处理工作关系，提高工作效率。

综上所述，在项目施工过程中怎样处理好各方的关系，没有固定的规律可循，完成一个成功的项目，除了能承担基本职责外，项目经理还应具备一系列技能。他们应当懂得如何鼓舞员工的士气，如何取得业主的信任；同时，他们还应具有坚强的领导能力、培养员工的能力、良好的沟通能力和人际交往能力，以及处理和解决问题的能力。工程项目管理中协调工作涉及方面多而且又琐碎，突出了各专业协调对项目顺利实施的重要性，项目经理要加强这方面的管理，同时做好每一部分工作，才有可能把问题隐患消灭在萌芽状态，保证圆满完成工程项目目标。

4.13.3　项目经理如何把握与甲方等各方沟通的度？

1. 学会尊重甲方，善于运用礼貌性语言

尊重是相互的，也是相对的，项目经理要想获得甲方的尊重，首先要学会尊重客户。在日常工作中，礼貌性语言必不可少，运用好礼貌性语言，既是对甲方的尊重，也是对自己的尊重。

除了举止优雅、穿着得体、办事稳健外，还应把"您好""请""谢谢""不客气""没关系"等礼貌性语言挂在嘴边，既是自身修养的一种体现，又是对甲方最起码的尊重，作为专业人士，不要吝啬自己的礼貌性语言。

2. 合理安排时间，充分注意自己的谈话目的

时间就是金钱，效率就是生命。项目经理必须合理安排自己的时间，如谈话时间、学习时间、营销时间、工作时间等。合理安排时间就等于节约时间，节约时间就等于提高了工作效率。

与甲方谈话的目的主要有：全面了解情况，把握甲方的心理，弄清客户的需求，对问题作出客观的判断，与客户签订协议，给予客户必要的建议或忠告，善意提示潜在的风险等。

和甲方谈话应有明确的目的，抓住问题的根本，尽快解决问题，而不是打"持久战"，拖延时间。

3. 学会耐心倾听，并对谈话内容表示兴趣

会说话，是项目经理的基本功，也是项目经理制胜的"法宝"；然而，在特定场合，项目经理必须会"听"话。

对于有需求的甲方来说，项目经理应鼓励客户多说话，并做好必要的记录。会"听"话，需要耐心和毅力。项目经理要调动甲方说话的欲望，使客户"一吐为快"，使项目经理全面了解情况。

4. 学会换位思考，并切身体会对方的感受

项目经理不仅要以专业的服务取胜，还要站在甲方的角度，想他们之所想，急他们之所急，赢得客户的充分信任，让客户找到可以托付之人。

学会心存感激，营造出平等的沟通氛围。要心存感激，既不要高抬自己，也不要低估甲方。把甲方看成自己的服务对象，不要敷衍客户，不论情况如何，要将客户的事当成天大的事。应摆正自己的位置，给甲方营造一种平等的沟通氛围。

消除甲方的恐惧感、压抑感和无奈感，让客户把甲方当成朋友。一个成功的谈话者，应能很好地把握沟通的节奏，设身处地地为甲方着想，拉近与甲方的距离。使自己的表情、声调、音量、节奏、手势与对方一致，就连坐姿也尽力与甲方保持平衡。

比如，并排坐着比相对而坐在心理上更具有共同感，更容易引起共鸣。直挺着腰坐着，要比斜着身子坐着更显得对甲方的尊重。

5. 学会察言观色，判断对方的气质和性格

项目经理和甲方谈话的模式和规则并不是一成不变的。项目经理面对不同的甲方，就应采取不同的谈话方式。

好的项目经理不仅是一个会说话、会"听"话的人，还是一个会观察、会判断的人。项目经理应根据不同的甲方，不同的情况，作出不同的判断，为客户提供适当的服务。

与新甲方谈话，就应该耐心聆听，"对症下药"；与老甲方谈话，就应该简明扼要，长话短说。与年轻者谈话，就应该权衡利弊，直截了当；与年长者谈话，就应该放慢节奏。谈话是项目经理与甲方最直接、最有效的交流方式和营销手段，是项目经理的"软实力"。项目经理应熟练掌握谈话的技巧和方法，和甲方有效沟通。

4.13.4 项目经理如何把握与质监等各方沟通的度？

项目部是项目组织的核心，而项目经理领导着项目部工作。所以，项目经理居于整个项目的核心地位，对整个项目部以及对整个项目起着举足轻重的作用。工程实践证明，一个强的项目经理领导一个弱的项目小组，比一个弱的项目经理领导一个强的项目小组项目成就会更大。

项目经理的工作对于项目的成功与效果起着关键的作用，具体表现在以下五个方面：合同履约的负责人；项目计划的制订和执行监督人；项目组织的指挥员；项目协调工作的纽带；项目控制的中心。项目经理是公司法定代表人在工程项目上的全权委托代理人。对外代表公司与业主及分包单位进行联系，处理与合同有关的一切重大事项；对内全面负责组织项目的实施，是项目的直接领导者和组织者。由于项目经理对项目的重要作用，人们对其的知识结构、能力和素质的要求越来越高。实践证明，纯技术人员是不能胜任项目经理工作的。按照项目和项目管理的特点，对项目经理有如下几个基本要求：

（1）要有良好的政治素质；

（2）具备领导才能；

（3）掌握熟练的专业技术知识；

（4）有工作干劲，有敬业精神，为人正直，敢于主动承担责任；

（5）有成熟、客观的判断能力及丰富的工作、社会实践经验；

（6）思维敏捷，精力充沛。

有了上述条件就是称职的项目经理了吗？错，具备上述条件只能说可以当项目经理。一个新的项目从开工建设到竣工决算，怎样管理才会取得最大的经济效益？这要看施工项目经理怎样管理这项工程，从哪里下手抓管理，以什么为重点，主要控制哪些经济指标。这需要项目经理精心地研究学习。其中，如何处理好各方关系为工程服务就是一门大学问，下面结合笔者多年担任项目经理的实践简单谈一下这个问题。

项目经理在工程实施的进程中不仅要利用自己掌握的知识，灵活自如地处理发生的各种情况，还要团结大家的力量多谋善断、灵活机变、大胆爱才、大公无私、任人唯贤、大胆管理，为企业取得最大的利润。在市场经济环境中，项目经理的素质是最重要的，他必须具有很好的职业道德，必须有工作的积极性、热情和敬业精神，勇于挑战，勇于承担责任，努力完成自己的职责。他不能因为项目是一次性的，与业主是一锤子买卖，管理工作不好定量评价和责难，工程不是他的，项目最终成果与他的酬金无关，而怠于自己的工作职责，应全心全意地管理工程。由于项目是一次性的，项目管理是常新的工作，富于挑战性，所以他应具有创新精神、发展精神，有强烈的管理愿望，勇于决策，勇于承担责任和风险，并努力追求工作的完美，追求高的目标，不安于现状。如果他不努力，不积极，定较低的目标，作十分保守的计划，则不能有成功的项目。同时，应为人诚实可靠，讲究信用，有敢于承担错误的勇气，言行一致，正直，办事公正、公平，实事求是，任劳任怨，忠于职守。他不能因受到业主的批评和不理解而放弃自己的职责，不能因为自己与业主偶尔不正常手段的作用而不公正行事。他的行为应以项目的总目标和整体利益为出发点，应以没有偏见的方式工作，正确地执行合同、解释合同，公平、公正地对待各方利益。

在项目组织中，项目管理者即项目经理处于一个特殊的位置，处于矛盾的焦点，常常业主和参建各方都不能理解他。由于工程管理的责、权、利往往不平衡，项目经理一般是通过良好的沟通能力和个人魅力等去完成任务，责任比权力大。项目实施过程中项目经理的很大一部分时间用来与业主、监理、设计、地方政府协调处理各种人际关系，因此项目经理要做好工作是很艰难的，可能各方面对他都不满意。所以，项目经理要处理好各种关系，首先要从以下几个方面提高自己的沟通协调能力：

（1）处理人事关系的能力。项目经理职务是个典型的低权力的领导职位。其领导风格必须主要靠影响力和说服力而不是靠权力和命令。由于项目组织的特点，他能采取的激励措施是很有限的，其必须注意：充分利用合同和项目管理规范赋予的权力运行组织；注意从心理学、行为科学的角度激励组织成员的积极性；在项目中充当激励者、教练、活跃气氛者、维和人员和冲突裁决人。

（2）较强的组织管理能力。例如，能胜任小组领导工作，知人善任，敢于授权；协调好各方面的关系，善于人际交往；能处理好与业主等各方的关系，设身处地地为他人考虑；与企业各部门有较好的人际关系，能够与外界交往，与上层交往；工作具有计划性，能有效地利用好项目时间；善于化解观念矛盾与冲突；具有追寻目标和跟踪目标的能力。

（3）在工程中能够发现问题，提出问题，能够从容地处理紧急情况，具有应对突发事件的能力，及对风险、对复杂现象的抽象能力和抓住关键问题的能力；具有应变能力，工作需要灵活性；具有个人领导风格的可变性，能够适应不同的项目和不同的项目组织。

实际工作中，项目管理工作很少能够使各方面都满意的，甚至可能都不满意，都不能理解，有时吃力不讨好。所以，项目经理不仅要化解矛盾，而且要使大家理解自己，同时又要能经得住批评、指责，不放松自己的工作，应有容忍性。

（4）具有合作精神，能够与他人共事，能够公开、公正、公平地处理事务，不能搞管理上的神秘主义，不能用诸葛亮式的"锦囊妙计"来分配任务和安排工作。

（5）具有很高的社会责任感和道德观念，高瞻远瞩，具有全局观念。

（6）具有长期的工程管理工作经历和经验，特别有同类项目成功的经历，对项目工作有成熟的判断能力、思维能力、随机应变能力。他的技术水平被认为是重要的，但又不能是纯技术专家，他最重要的能力是对项目施工过程和工程技术系统的机理有成熟的理解，能预见到问题，能事先估计到各种需要，具有较强的综合能力等。

有了上述能力的提高，应该就能够如鱼得水地应对好各方关系，具体过程中还应特别注意：

（1）由于业主和承包商利益不一致，会产生各种矛盾。例如，业主希望项目经理听从他的指令，无条件维护他的利益，苛刻要求承包商；而承包商又常常抱怨不能正确执行合同，不公平，偏向业主。所以，双方的矛头都可能指向项目经理。但一条基本原则是急业主之所急，想业主之所想，理解业主，服务业主，能主动找理由解放业主，达到只要业主经济给予保证，业主的目标就能实现，建设相关方具有认同感；同时，给业主找理由解决你的问题，从而达到目的。

对实际施工过程中个别业主的某些要求不能一味迎合，应在适当的时机采取合适的方式与这些工作人员进行沟通。需要依靠长期的沟通建立互相信任的基础，通过良好的个人关系以及对部门的理解达到我们的目的。

（2）沟通与跟踪：与设计沟通以求更好地理解其设计意图、思想，从施工角度补充完善设计功能，寻求设计变更依据与设计的支持；与业主沟通以求完善总体规划，寻求变更设计的依据以及业主变更的理由；与监理的沟通是施工最终能否确立有效立据文件的关键。揣摩建设四方人员的心态是成功的要素，工程项目进度、质量、安全是建设四方共同关心的问题，由于各自隶属关系不同，目标相同而利益不同。应利用战术方法解决共同关心的问题：掌握业主的需求，理解业主，业主的第一目标是进度又快又好，监理的管理核心是质量，承包商的管理核心是安全和效益，沟通是实现各方利益的有效途径。

有许多业主经常有新的主意，随便变更工程，而对由此产生的工期的延长和费用的增加又不能理解。此时项目经理要充分发挥能力，协调沟通，游说各方，把握各方的不同利益追求，寻求各方共同努力，问题就能迎刃而解，尤其在变更索赔过程中更要有效发挥各方作用，虽然过程可能艰难，但却是解决问题的根本所在。

（3）工作千头万绪，抓好施工生产是重中之重。任何一个项目的实施，只要解决好进度和质量这两个方面的问题，就基本上取得了主动权，能使业主和监理满意。因此，项目经理还是应当将主要精力投入施工组织和管理上，确保工程进展顺利，质量过关，安全无事，这是增进各方关系，建立信任基础，为以后一切工作奠定良好基础的基石，乃重中之重。

（4）对业主和监理提出的意见和指示，应充分重视，反应迅速，项目部有权处理的，应立即办理，对重大问题，及时汇报，并提出处理意见，报上级审批后执行。过程中把握适当时机提出我们的困难和要求，求得支持，为今后变更索赔做好准备。

（5）细致把握各方人员的集体荣誉心态，个人需求心态，充分利用规则，营造较好的个人关系资源，从而与业主和监理等保持融洽的工作关系。

（6）定期进行汇报，及时请示，取得上级的支持和指导、理解。在施工项目进程中，项目经理受承包人的委托完成承包人应当完成的各项工作，对施工现场的施工质量、成本、进度、安全等负全面的责任，这是项目经理重要的责任。工程施工过程中有很多意料不到的问题发生，对于出现的超过自己权限范围的事件，应当及时向上级有关部门和人员汇报，请示处理方案或者取得自己处理的授权，切勿为了隐瞒一点点小问题使事态扩大铸成大错。项目管理的核心是"三角平衡"，即质量、成本、进度三个方面保持平衡。在大部分项目实施中，往往无法确立和实现项目成本的指标、考核和控制，资金的支配权往往不归项目经理，而由上级决定，这样会导致公司与项目经理之间的责任不清，对于某些制度也无法贯彻执行，不能很好地实现项目经理负责制。所以，汇报和沟通尤为重要，任何一个项目部要建设好、经营好，都离不开集团公司、总公司、分公司的大力支持，尤其是总公司、分公司在资金调度上的支持。而要保证总公司、分公司有力量地扶持、指导项目部，其前提就是项目经理领导的项目部本身必须有大局意识，服从分公司、总公司的统一协调管理，不能只看眼前，只重一时，抱临时思想，搞本位主义。

（7）严于律己，特别要正确处理与施工协作队伍的关系。要将协作队伍看作我们的施工队，树立服务意识，切实将施工队伍的困难当作自己的，正确引导，让施工队相信、理解项目经理，有力促进施工。这点说起来容易做起来难，我们也反复说了很多年，收效不大，好的项目这方面是很和谐的。一句话，对协作队伍，我们要勇于打掉我们自己队伍的优越感等。

长期以来，在工程项目取得成功时，人们常常将它归功于技术人员攻克了技术难关，或业主决策、领导有方；而如果项目实施失败，出现故障、困难，则常常归咎于项目经理。因此，项目经理必须对所从事的项目迅速设计解决问题的方法、程序，能抓住问题的关键、主要矛盾，识别技术和实施过程逻辑上的联系。同时，一定要组建一个和谐的团队，项目经理必须充当队员的激励者、教练、活跃气氛者、维和人员和冲突裁决人，共同处理好各方关系。

项目经理不是一个爵位，而是相当于排球比赛中的自由人，是要比别人干更多活的人。因为别人有明确的具体工作，而你没有：项目工作哪里有空缺，你首先就要补上，然后再研究今后怎么办（加入或修改工作程序）；项目哪里有问题，提出来了，你就要解决，全力支持各部门的工作。人家提出问题，肯定是依靠自身的能力解决不了，这时你再说三道四，会引起别人的反感，大不了人家下次不找你了，但受影响的是工作。项目经理的权力，正是因为这种工作关系的归集而自然形成的。正是因为如此，在项目里，深夜笔者自然而然地就会想：这一天我做过哪些决定，有没有失误的地方，如果有失误或不完善该怎样修正；没有解决的问题该怎样解决更好，下一步还会有什么样的问题，这样第二天一上班，就会作出新的安排。

笔者认为项目经理还应从以下三个方面不断完善自己：

（1）首先，在项目经理的岗位上要注意不断扩大自身的知识结构。每个人的经历和经验都会受到一些限制，而项目经理这个岗位恰恰要求必须具备全面的综合业务能力。因此，就要求项目经理根据工作需要和自身情况加强学习，比如对专业技术知识、经营管理知识、金融知识、法律知识的学习等，做到既要向书本学习，又要利用一切机会向闻道在先者学习。只有这样才能不断达到在外行面前是内行、内行面前不外行的程度，以便在工作中对于实际出现的问题，能够准确判断和决策，防止自己由于是外行又放不下架子，而用一些"放之四海而皆准"的原则性意见对需要处理的工作事项敷衍塞责。

（2）项目经理需要有勇于实践的踏实的工作作风，在实际工作中不断丰富完善自己。一个合格的项目经理不是仅仅靠书本知识学出来的，更不是吹出来的，而是靠实际工作磨炼出来的。对于工作中出现的问题，作为项目经理，首先要敢于承担责任，其次要善于分清问题的性质，找到解决问题的方法。项目经理应该以身作则，在项目中形成平等协商、实事求是的工作风尚。同时，项目经理还应注意不断培养和提高工作能力，如决策能力、应变能力、组织领导能力、人际交往能力等，努力做到在工作中要果断但不武断，要稳重但不拖拉。

（3）要敢于面对自身的弱点，不断完善个性修养。有位哲人说："性格决定命运"，我的体会，这句话放到项目里说，就是一个项目经理的个性、品质会对项目面貌产生影响。每一个工程项目的管理者，都会面临由于所负的工作责任重大而感到精神压力大的问题，如果自身不能控制好，可能就会表现出说话急躁等一些不良行为，给对方造成不必要的伤害。

总之，沟通协调是一门大学问，笔者认为不是方法的问题，而是项目经理综合能力的具体体现，项目建设的成功不仅依靠项目部的工作，还需要业主、设计、监理、施工、公司本部、协作队伍的支持、协作以及地方政府、社会各方面的指导与支持。项目经理应该充分考虑各方面的合理和潜在的利益，建立良好的关系。项目经理是协调各方面关系并使之相互紧密协作配合的桥梁与纽带。

4.13.5　项目经理如何做好沟通协调工作？

一名项目经理沟通的时间占到工作时间的80%，所以如何提高沟通效率就变成了项目经理提高工作效率的重点。

一名优秀的项目经理，无疑是一个好的沟通者。因为，专业的技能可以使你成为某个领域的专家，但出色的沟通技能，则是你迈向成功管理者的一个关键因素。毫无疑问，沟通作为一种"软技能"，是项目经理所必须具备的。

很多项目经理都知道沟通是很重要的，因为项目经理工作时间中的80%左右都是在沟通，可是现实中，有多少个项目经理真正花时间去学习、去研究过沟通呢？真正了解沟通的本质与方法的项目经理又有多少呢？这就引发了一些有趣的话题：为什么沟通这么重要，大家不去研究沟通呢？我们是不是可以得出这样的结论：提高沟通效率就可以提高项目经理的工作效率。如果结论成立，那提高沟通效率就应该成为项目经理提高工作效率的重点。如何提高沟通的效率呢？我们建议可以从项目沟通需求分析开始，从培养项目经理自身沟通的好习惯做起，这样才能提高工作效率，达到事半功倍的效果。

1. 做好沟通规划，确定沟通目标

在项目管理人员中，有相当多的项目经理常常都在疲于应付那些层出不穷的项目问题，基本上属于"头痛医头，脚痛医脚"的救火队员，每天忙于沟通但效率低下，虽然也有很多项目经理经常参与各层面的沟通会议，但效果却不见得有多好。这也是目前很多项目经理的工作现状，无论是管理 50 人/月、100 人/月还是更多的人的项目，项目经理都处于责任大、压力更大的状态下。之所以会出现这种现象，部分是因为项目中缺乏行之有效的沟通流程与方法，也有部分是因为这些项目管理人员沟通意识薄弱。

案例 4-27： ....

　　一个公司的项目经理 A，在谈到项目管理时，感受颇多："现在跟进项目时，一般都是我全程跟踪，跟各方面沟通，因为公司项目多，有时一个项目经理要管几个项目，所以项目经理投入不同项目的时间有限。比如项目进行中出现了技术问题，我会要求项目工程师解决，并要求其给出计划及时间表，但往往项目工程师迟迟交不了计划，拖拉几天后才给计划，又因为别的部门拖延时间，就会导致计划又延误。类似情况我经常向上面反映，因为领导有很多事情在身，也只能抽空催工程师和其他部门，更多时间是让我来催促。但我对他们既没有考核权也没有命令权，所以经常争吵不止，而出了问题，通常只会找我负责，真的很无奈！"

　　这个案例中的主要沟通问题是没有做好沟通规划，沟通目标不清晰，项目经理应该承担主要责任。当然，这个公司的 WBS（工作分解结构）（图 4-29）也有些问题，权责不清。如果该公司项目经理能建立信息发布、绩效报告的平台与系统，区分了与不同利害关系者沟通的目的和方法，项目中的沟通问题就会比较容易理顺了。项目经理还要确定项目沟通通常需要的信息，尽可能化繁为简地沟通，为此项目经理要做好以下几方面的工作：明确组织机构图；明确项目组织和利害关系者职责关系；列出项目中涉及的学科、部门和专业；列出多少人参与项目、在何地参与项目等后勤物流因素；内部信息需求分析；外部信息需求分析；利害关系者信息需求分析。

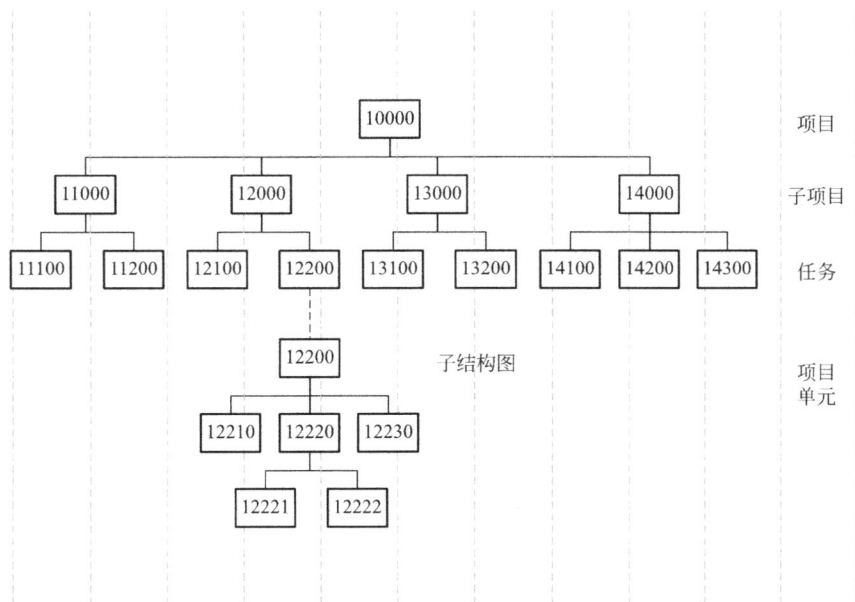

图 4-29　WBS 工作分解结构图

2. 主动沟通

与疲于应付的项目经理不同，也有相当多的项目经理有着主动沟通的好习惯。主动沟通与被动沟通就好比是操之在我与受制于人。毫无疑问，大家都不想受制于人，可是，根据笔者多年从事项目的经历来判断，有主动沟通习惯的项目经理所占比例甚至不超过50％，以致每天问题缠身。

项目例会是项目正式沟通的最主要形式之一，是项目经理主动沟通项目信息、跟踪项目进展情况、解决项目内部冲突、确保项目按计划进行的有效手段。通过举行项目例会，项目经理还可以与项目组成员，甚至组织内部的发起人、相关职能部门经理等项目利害关系者进行充分的、面对面的沟通。一方面可以帮助项目经理全面了解项目的进度、成本、质量、范围的完成状况，以及项目成员表现和项目在执行过程中暴露的问题；另一方面也有助于项目经理集思广益，博采众长，充分听取各方面意见，从而为提升项目团队士气、进行项目决策、解决项目冲突奠定坚实的基础。

当然，主动沟通的方式还有很多，比如主动检查、要求项目成员主动汇报等一些正式的沟通渠道，也可以通过吃饭、聊天、即时通信系统在线交流、其他聊天工具交流等一些非正式的沟通渠道。

当然，这并不是说，主动沟通了，所有的沟通问题都能迎刃而解。沟通不在于形式，而在于它的实质。

案例 4-28：

某个公司的项目经理李经理，领导的项目人员始终在抱怨项目的工作氛围不好。李经理非常希望能够通过自己的主动沟通去努力改善这一状况，因此制定了例会制度，要求项目组成员每周必须按时参加例会并发言，而且会前会后都会主动找项目成员沟通。虽然这是一个很好的沟通会，但是由于李经理对例会具体内容及安排规定得不够细致全面，导致推行没多久后项目成员就开始抱怨例会效率低下，每人都要发言导致时间太长，很多问题议而不决等。而且，由于在例会上有些项目成员意见相左，甚至开始相互争吵、指责，影响到了人际关系的融洽。李经理异常苦恼，不知道他的问题到底出在了什么地方。

李经理能主动沟通很不错，例会也取得了一些效果，但他的问题是出在对例会没有很好的规划及安排，目的不明确，成员参与例会的主动性不够。如果李经理能从以下几方面进行修正，相信他的沟通效率会提高很多：

（1）将一些常态信息发布、绩效进展报告纳入日常工作，只有重大信息才在例会上通报。

（2）例会以解决问题、制定和落实纠偏措施为核心，把问题和偏差分为三类，推动纠偏和问题解决：上期以来的纠偏进展和问题解决，当期发生的问题和偏差，下期可能出现的问题和偏差。只有主动、有效地解决问题和纠正偏差，项目沟通管理的效率才会得到提高，项目沟通才能纳入良性循环的轨道中。

3. 换位思考

出于人的本能，人们考虑问题往往首先站在自己的角度，用自己的标准去衡量、与对方沟通，去衡量这个世界。这样难免会使人考虑问题主观片面，在沟通时各说各的，沟而不通就不能叫作沟通。沟通要以解决问题或者推进事务进展为核心，而不是以表明立场的谈判为核心。这就要求项目经理在项目进展中养成换位思考的好习惯，以换位思考为核心，在沟通中寻求解决办法或者推动进展。换位思考，就是站在对方立场考虑问题，设身处地为他人着想，以先理解他人进而寻求他人理解的一种处理人际关系的思考方式。人与人之间要互相理解和信任，并且要学会换位思考，这是人与人之间交往的基础。有了换位思考，沟通各方达成一致或者达成妥协，推动沟通进展才会变得更容易。

项目经理身处项目的信息中心，每一天都要接收大量的信息，也要传递大量的信息，并且要处理项目中随时发生的问题。如果在处理这些问题和传递信息的时候过于主观，不能换位思考，就可能会犯主观判断上的错误，进而导致整个项目团队之间的互相猜忌，互不信任，结果就是整个项目团队沟通效率低下，各方面工作的开展都会受到很大的影响。

案例 4-29：

陈经理是一家公司的项目经理，上级领导通知他下周集团公司的总裁会来检查工作。陈经理接到通知后有些焦虑，因为这是他升任项目经理后，集团公司总裁第一次检查他负责的建设项目，尽管陈经理在任的工作多次受到集团表彰，但是他仍然觉得他需要计划一下这次的会面。他不断地回忆任职以来的工作细节，总结目前项目的进展情况，也试图准备一份自我工作介绍的演讲稿，可是写了几天他自己都不满意。一筹莫展之际，他自言自语道："如果我是集团的领导，我想知道项目的哪些情况呢？"这个设想使他豁然开朗，列出了一系列可能会被问到的问题，然后他把问题削减为 10 个，并且都准备了答案。总裁检查的那天，在拘谨地自我介绍后，陈经理说："我想您一定想通过今天的检查了解这个项目的一些情况，所以我准备 10 个问题，也许您希望知道答案"，说着他把准备好的问题及答案递给了总裁。"是吗？这有意思"，总裁回答说，"我也做了同样的事情，你也看看吧！"陈经理接过总裁的问题，结果他惊讶地发现他们列出的问题非常相似。这时候，总裁说道："我看了一下，我想问的 8 个问题中有 6 个和你的问题是相同的，你的问题有 10 个，有些是我没想到的，你考虑问题很细致、很全面，不错！你有没有兴趣一起讨论一下这几个问题呢？"

这就是换位思考的魅力所在。处于项目团队核心的项目经理，在沟通过程中很需要建立换位思考的好习惯。而且，换位思考是不分职位高低与工作层面的。

4. 集思广益

有些项目经理有着比较丰富的实践经验，这些宝贵的经验往往可以让项目经理对项目中发生的问题作出迅速的判断并及时处理解决。这也是很多公司在招聘项目经理时都会要求应聘者须有数年工作经历的根本原因。但有的时候经验主义也会害人，这是因为环境是在不断变化的，有些经验在变化的环境中已经不具备太多的参考价值，如果处理问题只凭经验，哪有不犯错误的道理呢？中国全面引入科学的项目管理体系也才 20 多年时间，项目管理的体系和方法还没有普及，有着丰富项目管理经验的项目经理只是少数。但无论是有经验的还是没有经验的项目经理，在沟通中都应该养成"集思广益"的好习惯，原因很简单：管好项目仅凭经验是远远不够的，而且一个人的智慧也是有限的，项目经理如果能集中项目团队所有成员的智慧，思考并广泛吸取有益的意见，沟通必然高效，工作也必然会卓有成效。

项目管理不同于运营，项目有着三个主要特征，分别是：①独特的产品、服务或成果；②临时性；③渐进明细。正是由于项目的这三个主要特征导致项目比运营要复杂得多，项目沟通管理也因为项目渐进明细的特征及人员的临时性变得复杂起来。而且，不同的项目之间差异性也相当大，比如修一条路与建一栋楼的区别，这种差异性会进一步导致项目沟通的复杂性。正是因为项目的这些特点，导致项目管理只靠项目经理个人或者少数管理人员的个人经验与智慧是很难管好的，在客观上"集思广益"也是相当必要的。

📚 **案例 4-30：** --

A 是公司新派驻一个泰国工程项目的项目经理。此国际项目非常重要，公司上下领导都格外重视。但是 A 刚到项目时，就听到了很多不和谐的声音。有的成员出于对上一任项目经理离职的不满，而对 A 不甚欢迎，有的成员则莫名地对其冷言相向。一边是项目成员的拖拉怠工，一边是业主与上级领导要求保时保质的压力，A 处于这样的环境中，采取了强硬的工作态度，对下属的反对声音和建议也充耳不闻。他原以为情况会很快好转，没料到团队气氛和项目工期延误的现象不但没有好转，反而有变坏的迹象。

这是一个典型的项目沟通不畅的案例。A 项目经理是空降兵，他首先应该争取项目团队中对他的到任没有不满的项目成员的合作，多听建议；其次，他应该安抚那些对前任离职经理不满的项目成员，采取怀柔政策，而非强硬地打压；最后，他应该寻求公司支持，请上一级领导前往项目，对离任项目经理另有安排一事进行说明，并且动员项目团队成员完成任务，鼓舞士气。在接下来的工作中，A 可以采取以下沟通方式：①真诚沟通：紧盯目标，不拘小节，真诚待人，放下架子。②提出愿景：让项目团队所有成员明确具体目标以及收益（精神和物质）。③明确任务：细化 WBS（工作分解结构），明确要做什么，每个人要做哪些具体工作，什么标准，要弄清楚。④集思广益：发动所有项目团队成员的力量及智慧，博采众人之所长，以解决问题为核心，有效推动问题的解决进展。

对项目经理而言，沟通是一门工作必修课，是一门艺术。项目经理需要养成沟通的好习惯，关心成员的心理健康，发挥他们的自身特长，提高其技术能力，营造团队和谐气氛，同时保持与外部的有效联络沟通。只有这样，才能事半功倍。

4.14　组织各项验收工作

4.14.1　都有哪些验收？

建筑工程专项验收包括：①主体结构验收，电梯、消防验收，人防验收，人防工程、人防门、灯具等都需要自检合格。②室内环境的验收也非常重要，要达到入住标准。③建筑需要通过节能验收，供暖、通风、空调等都需要参与节能性能的检测。④还有无障碍设施验收、供电验收、燃气验收、供水验收、防雷验收、工程档案预验收、竣工验收等（图 4-30）。

4.14.2　项目经理如何组织验收工作？

验收是每个项目最重要的环节，也是每个项目经理最关心和重视的工作。验收顺利通竣工验收作为建设工程项目的最后一环，常常会因为资料的问题而导致验收工作无法进行。希望以下这些内容对大家能有所帮助。

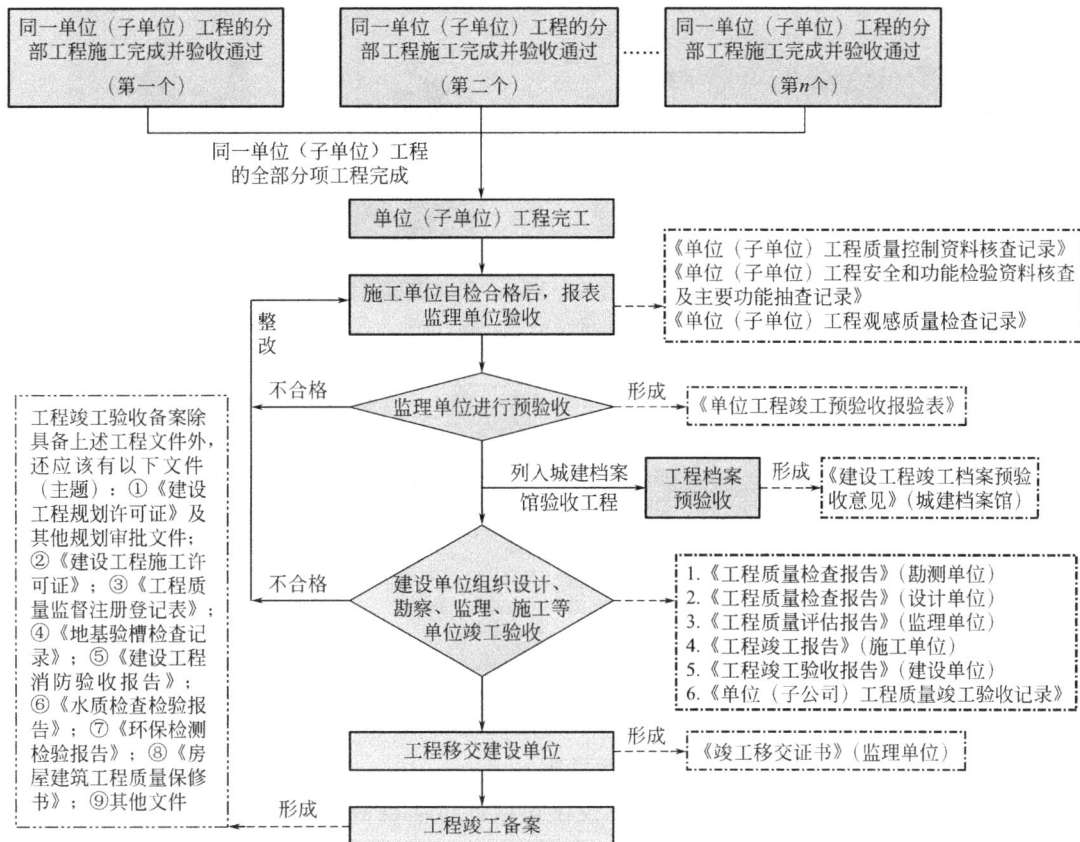

图 4-30 竣工验收流程图

过不仅关系到项目目标的最终达成，而且是项目回款、提升客户及团队满意度等的关键条件。

俗话说，行百里者半九十。按照项目生命周期阶段划分，验收处于项目收尾阶段，但是很多项目经理都有这样的体会：看似曙光就在眼前，实则刀光剑影，步步惊心！可见，验收顺利通过不容易，项目经理需要做好充分的准备（图 4-31）。

验收环节常见的问题有：验收不能按时启动；对验收标准发生分歧；验收过程中出现变更；验收中出现不满足标准的问题、缺陷等。只要有这样的事件发生，就会严重影响验收的正常进行，给项目的顺利收尾造成威胁。

怎样才能让重要的验收尽可能躲开这些"陷阱"呢？项目经理可以有哪些更主动的作为呢？以下是确保验收顺利通过的一些技巧，可供项目经理参考。

1. 验收顺利通过需要主动作为

1）验收需要尽早启动

项目验收什么时候开始最合适？很多项目经理认为项目成果已完成，项目临近收尾，接下来就可以启动验收。其实，验收要尽早开始，甚至在项目刚刚启动的时候，就要开始着手准备验收。可能有人觉得奇怪，项目还没有充分开展，甚至连中间成果都还没有，这

图 4-31　组织各类验收

个时候就要开始准备验收吗？有什么可验的呢？

事实上，我们所说的"验收"，并不仅仅包括针对项目最终成果的技术性检验，它作为项目生命周期的一个重要阶段的活动，也可以把它看作一个相对独立的、完整的"小项目"。验收作为一个小项目，就少不了启动、规划、执行、监控和收尾，在每个环节中，都有明确、具体的工作需要认真完成。

验收刚刚启动，项目经理就要确定明确的验收目标：什么时间开始、什么时间必须完成，将这一目标作为整体项目目标的一部分，作为编制计划、实施和管理项目工作的依据之一。

尽早识别出对验收有重大影响的重要相关方，是验收要尽早开始的具体活动之一。虽然验收是技术性的检测，但其中一定少不了人的主观因素的影响。哪些人的利益会因为项目验收而得到满足？哪些人的利益会因为项目验收而受到损害？在验收中他们提出的问题最多、要求最严格，这其中的利益影响不言而喻。所以，尽早识别出对验收有直接利益关系和重大影响的重要相关方，并及时采取有效措施，对于确保项目验收顺利通过将起到举足轻重的作用。

出于各方利益考虑，有些项目即使已经进入正式验收，客户依然有可能针对成果的功能、性能继续提出新的要求，显然这也会给正常的验收带来阻碍。实际上，越是竞争激烈的行业、领域，这种情况越是普遍。

被客户牵着鼻子走确实很被动，但在特定的环境下，又确实难以做到一切都循规蹈矩，就像有人总结的："客户虐我千百遍，我待客户如初恋！"在面对强势客户的时候，更应该协调多方面的资源、力量，共同投入验收中。必要时，设计部门、技术部门和公司相关高层领导，都应该加入项目验收中来。

2）尽早制订项目验收方案

尽早制订各个分项验收方案，并得到确认和批准，这是验收要尽早开始的具体活动之二。既然验收是针对项目成果的检验，一定少不了具体的预验收。这个预验收不一定是项目团队来确定，也不一定是业主方确定。最常见的，可能是由双方协商来确定。但如果项目经理和团队能尽早制定出项目的验收标准，将在最终确定验收标准的协商中争取更主动的地位。

因此，将验收当作一个独立的项目看待，尽早确定明确的目标，尽早确定验收标准，尽早并尽可能全面地识别出那些对验收有重要影响的关键相关方，尽早采取合理、有效的措施，将有助于未来的验收顺利通过。

2. 验收需要"内外兼修"

成功的验收还要做到"内外兼修"。在提请外部客户正式验收成果之前，项目经理和团队要提前对已经完成的项目进行严格自检。自检环节中，容易被忽略或出问题的地方，往往是与项目成果对应的文档资料。

有些项目经理和团队有类似的错误观念：重视成果，但轻视文档资料。他们往往将大量甚至全部精力都投入完成项目成果的工作中，却忽略了同步记录、输出相应项目文档资料的任务。结果，在项目移交环节，不得不回过头来"补作业""写回忆录"，不但狼狈不堪，质量也难以保证，甚至影响正常的验收。

相比那些复杂的技术性项目，文档资料的整理、编写更具备"事务性"的属性：尽管没有特别突出的难度，但确实需要占用时间和精力。不要让需要移交的项目文档资料拖了验收的后腿，对于这一任务，要引起主观上的重视就显得更加重要了。

例如，某工程有限公司交流建设分公司在多年的工程档案资料管理实践中就总结出了四个字——"同步形成"，也就是确保工程档案和工程实施实现同步推进。只有"同步"，才能确保档案资料的完整、齐全、真实和准确。

3. 验收需要分阶段

分阶段验收是项目验收顺利通过的一个"技巧"。越是复杂的项目，越需要将其生命周期的阶段进行清晰地划分。

这样做不仅可以降低整体验收的难度和风险，更有助于及时发现项目中的问题和缺陷，特别是针对那些"隐蔽工程"和难以事后返工的部分，能有效提高验收通过的可能性，并降低整改工作的成本。

另外，如果能将验收与回款挂钩，通过分解验收，还将显著降低回款的压力，这对于甲乙双方来说都是一个双赢举措。

4. 验收需要复盘

验收作为一个小项目，也需要进行复盘。所谓复盘，是项目负责人针对已经发生的项目过程和结果，进行回顾、探究，不但要发现问题，还要在分析和总结问题的基础上，形成更好的解决方案，提升自身解决问题的能力，并为后续的项目提供参考与借鉴。

在验收过程中遇到的任何问题，都应该成为项目复盘活动的焦点，即所谓"吃一堑，长一智"。通过复盘，可以让我们看到，在验收过程中，究竟有多少外在不可控因素，有多少可控因素。找到了这些问题的深层次原因，当那些相同的情况发生时，才能做好预防；当那些相似的情况发生时，才能更好地应对。

表面上看，验收是项目结束前的最后一项工作，而实际上，只有将验收当成一个完整的项目看待，早启动、早规划、规范地实施、全过程监督管控、完整地复盘收尾，才能让验收这个重要的环节顺利地通过。

5

项目收尾阶段项目
经理工作重难点

多数人都觉得工程项目收尾是很麻烦的，忙活了半天也看不出成绩，容易让人产生松懈怠惰的心理。但是，越是在这种时候就越要重视起来，一个疏忽大意就会造成不可挽回的损失。对于工程收尾工作而言，以下几个方面是项目经理需要重点把控的。

5.1 组织编制销项计划

5.1.1 销项计划包含哪些内容?

项目进入收尾阶段后，大面积施工已经结束，工程整体已基本成型，项目一般在收尾阶段尚需大面施工的部位很少，一般会出现裙房及地下室的洞口封堵、楼梯栏杆施工、零星变更的情况。收尾的任务大多具有及时性，人员组织、材料准备困难，就要制订一个完善的销项计划。那么，销项计划一般包含哪些内容呢?

1. 洞口封堵

机电管道等专业在墙体及楼板上的预留洞口需要进行收口。在施工过程中，尤其是零星变更开洞，一定要注意成品的保护，防止破坏已经施工完成的建筑面层，以及防止管道、消防箱等被污染。在洞口封堵完成后，要经过质量部门以及监理的验收，不合格的洞口要进行重新收口。

2. 室内初装修修补

室内初装修的瑕疵问题一般比较多，包括地坪开裂、空鼓、颜色不均衡、起皮；墙面不平、腻子起皮、掉落、鼓包、阴阳角不平顺；卫生间管道有渗漏点、门窗关闭不严、水龙头花洒有缺失等。

3. 室外公共区、绿化、铺装等

室外公共区的收尾主要有一些台阶不平直、主楼一圈未收口到底，外墙油漆鼓包、开裂、流坠问题；各种出墙管收边收口、风井百叶漏项；室外绿植间距问题、草坪枯萎；路牙石漏设、不平直；铺装色差过大，下部未填实，拼缝不齐等。

这些问题仅仅是大家收尾时碰到的一小部分，针对这些问题要分门别类地列成项，如客厅、餐厅、主卧、次卧、厨房间、卫生间里的问题等；按照栋号进行专人跟踪销项，针对销项工作，一定要细心对待，虽然项目已经竣备，但是现场离交付还存在很多小的问题需要处理，销项清单里的问题虽然看起来都是小问题，但是如果做不好，却非常影响交付，项目经理一定要安排细心、有耐心的管理人员进行收尾工作。

5.1.2　如何组织人材机?

1. 人员管理

根据收尾工作需要，项目要对收尾阶段的人员需求作统一规划，提前布置，将需调离人员及时移交公司人力资源部进行统一协调，防止出现人浮于事，管理人员偏多、项目间接费偏高等现象。对于关键岗位人员，特别是二次经营和主要技术负责人员，必须保证人员的稳定性，确保工作的连续性。在工程收尾阶段，对于作业人员要选择经验丰富的老工人，做事细心求质量，很多作业需要登高或者独自作业，召集施工人员进行安全教育也是十分必要的，使他们增强安全意识、教他们正确利用"三宝"，确保操作质量，杜绝违章作业，时时处处确保不伤害自己、不伤害别人、不被别人伤害。

2. 材料管理

材料管理部门须对剩余材料进行详细盘点，并根据剩余工程量编制进料计划，做到工完料尽，减少材料的库存和浪费。收尾工作的材料普遍量小、种类多，一是要针对计划提前进行材料准备，不要有漏项；二是要做好材料收发台账，避免材料丢失、破损率高。

3. 机械管理

项目收尾阶段，使用的机械虽然基本属于小型机械，但是也要对机械的工况进行检查，满足要求才能进场。如果是统一管理，要做好机械的使用台账，以及维修处理台账。

4. 危险性较大的分项工程

对于外墙处理，部分项目会使用吊篮，必须引起高度重视，不能掉以轻心，在日常工作中要加强安全教育及管理，把安全隐患消除在萌芽状态，确保吊篮作业安全、可靠。

5.2　完善二次经营工作

具体就是：

（1）结算资料早准备。工程进行到收尾阶段未交工前，由项目经理、预算人员、财务人员对项目成本进行最终大盘点，详细核对已发生成本及最终应发生成本，在业主还未有准备前，我方早制定最终的目标结算额。对于简单易算的工程量，将工程量算准，确保核对时不存在较大偏差，使业主增加对我方的信任，对于复杂不易算的工程量将工程量适当放大。完整的结算资料尽早装订成册，一目了然，决不拖延滞后，力争在交工时就要求业主同期办理结算，增加谈判的筹码。

（2）结算时松弛有度。结算前，对业主始终强调为亏损项目，正因为长期合作我方才顶着巨大的压力将工程按时交付业主使用，请业主考虑这部分。结算时，对于一些可以让步和不可以让步的分项能迅速作出反应，提高结算速度和精度。

（3）收尾阶段，对一些小改造，或者更改的内容要做好策划，越是内容小的变更，越是可以做文章，进行详细策划、技术提资、合约谈判，争取在小改造上赚更多利润。

5.2.1　安排总工组织资料组卷工作

项目收尾阶段，要安排总工组织资料组卷工作，要按照规范的要求积累完成一整套真实、具体的工程资料，这是工程竣工验收交付使用的必备条件。一个质量优良或合格的工程必须具有一份内容齐全、文字记载真实可靠的原始技术资料；这些资料也为后续的管理、使用、维护、改造、扩建提供可靠的依据；也是工程竣工验收、评定工程质量优劣的必要条件；为工程质量及安全事故处理、工程结算、决算、审计提供依据。所以，一个项目的完结，一定要让总工组织好资料组卷工作，并且重要的文件、文档内容总工要亲自审核（图 5-1）。

图 5-1　组织资料组卷工作

5.2.2　安排结算资料编制工作

竣工结算是施工企业在完成承发包合同所规定全部内容，并交工验收之后，根据工程实施过程中所发生的实际情况及合同有关规定而编制，向业主提出自己应得全部工程价款的工程造价文件。竣工结算由施工单位编制，报业主后，业主将自行或委托造价咨询部门审核，其审定后最终结果，将直接牵涉到施工单位切身利益。如何把已实施工作内容、该得利益，通过竣工结算反映出来，而使自身利益不受损失，是每个施工企业应该重视的问题。同时，竣工结算是施工单位考核工程成本、进行经济核算的依据，是总结与衡量企业管理水平的依据，通过竣工结算，可总结工作经验教训，找出施工浪费原因，为提高施工管理水平服务。然而，由于种种原因，不少施工企业在这方面做得并不理想，从而使企业经营管理及经济利益受到一定的影响。因此，要安排专门的团队对整个项目进行结算资料的编制工作，项目经理要提供便利的条件（图 5-2）。

图 5-2　组织结算编制工作

5.2.3　组织分包撤场

项目经理负责组织工程项目收尾及撤场工作，监督施工承包商做好工完、料尽、场地清工作，负责与业主共同协商确定所承包工程竣工移交的组织形式，竣工移交的内容、程序、进度以及各方所应承担的责任，施工资料移交完成、施工缺陷处理完成并签署初步验收书或工程移交代保管书。

（1）要按照合同约定的计量规则和结算程序对乙方完成的全部工程量进行结算，乙方要确认无异议。

（2）乙方要承诺不存在拖欠进城务工人员及雇员工资的行为。若发生进城务工人员上访讨薪等事件致使甲方财产受到损失的，甲方有权在未付乙方工程款中扣除与损失相同数额的款项。如果工程款已支付完毕，仍造成甲方财产损失的，甲方有权另行向乙方进行追偿。

（3）乙方承诺其与任何第三方因本工程引起的一切索赔、诉讼、赔偿、经济纠纷、劳动仲裁等，均由乙方自行处理并承担责任。造成甲方损失的，甲方有权在未付工程款中扣除与损失相同数额的款项。如果工程款已支付完毕，仍造成甲方财产损失的，甲方有权另行向乙方进行追偿。

每一个分包撤场都要做好这些手续，确保后续没有任何纠纷。

5.2.4　安排管理人员分批撤场

项目收尾阶段，针对现场的工作内容，项目经理要制订详细的施工计划，对必要留置的人员进行梳理，分批次地提交人员摸排计划，保证项目管理人员的配置满足现场需要，定期将管理人员统计清单移交人事部统一安排，将部分管理人员输送到其他项目，同时要做好对管理人员的详细评价。对于一些综合评价不高、经验水平不足、绩效评级低的管理人员，进行转岗或者清退处理。

案例 5-1： ··

收尾阶段，项目上需要处理的事情大部分是修修补补，现场发现的问题种类会比较多，更有一些疑难杂症需要处理，这个时候需要项目经理安排一个现场经验丰富的老同事来带队，就能够轻松处理遇到的各种问题，留下项目后期必备的一些岗位后，其他的管理人员就慢慢进行调出，放到更合适的项目更匹配的岗位上，为下一个项目做准备。

6

项目经理如何
自我成长？

6.1 如何做好有效沟通？

项目经理每天花费在沟通上的时间占比大概在总时间的 80%。涉及项目上的事情，不论是对外还是对内，都需要项目经理进行沟通。项目经理对外有甲方、供应商；对内有上层领导、团队成员及职能部门需要沟通。由此看来，有效沟通是项目经理不可或缺的软技能之一。

下面将从沟通定义、面对不同沟通对象需要的技巧和禁忌，以及沟通避免入坑几个方面进行讲述。

1. 沟通的定义

沟通是指为达到某种目的，把信息、思想和情感在个人或群体间传递，并达成共同协议的过程。有效沟通指的是我们要将自己要传递的信息表达出来，被对方成功、有效地接收到。

2. 沟通的对象

1）与上级领导进行沟通

跟上级领导沟通是很重要的一点，一定要主动汇报，不要等着领导发现问题再来找你，这样就会显得很被动，也容易挨批评。跟领导沟通时我们应该明白领导能给我们资源和权利，在沟通汇报工作时要把项目遇到的问题和难点指出来，这样领导才能更直接地掌握项目的进度以及项目目前存在的问题，从而更好地帮助你解决问题。总的来说，跟领导沟通时需要参考以下几点：

（1）领导交代的任务必须理解到位，如果有疑问和不理解的地方需要多沟通，切忌事后再去询问领导。

（2）跟领导汇报工作时，一定要把结果先阐述出来，然后再把重点的过程进行简单描述和分析一下，注意要把控好时间，废话不要多说。

（3）找领导寻求帮助解决问题时，需要自己带着解决办法请示领导，让领导做选择题而不是问答题。

2）与客户进行沟通

面对客户时，只有有效地沟通才能更直接地了解到客户的需求，从而更好地完成这个项目。和客户沟通时要注意以下几个方面：

（1）沟通前一定要了解清楚沟通人的职位、姓名，避免出现张冠李戴的尴尬。

（2）与客户沟通时，需要做到准时且站在客户的角度思考问题。在面对客户提出要增加需求时，如果需求不合理，也一定不要直接就拒绝了，要把不合理的原因以及会导致的后果告诉客户，让客户自己作决定。

（3）尽量不要使用过多的专业词汇，可能你的客户并不懂技术，这样反而容易导致无效沟通。你费劲讲了老半天，客户完全不懂你在说什么。最好就是通过简单的沟通，先把客户的真实需求挖掘出来。

3）与供应商进行沟通

在项目中，供应商是每个项目经理都要打交道的。在和供应商沟通时，要保持严谨和信息同步。如果是电话沟通的，一定要把电话里所确认的东西以及配货的时间点，以邮件的方式再让对方确定好，避免事后出现问题，相互推脱责任。要是面谈沟通的，沟通的结果一定要将文件确认清楚，包括数量、时间，以及安装等。确认时一定要避免出现"大概、差不多"等词汇，需要严谨地落实和传达。

4）与团队成员进行沟通

项目经理和团队成员沟通时一定要遵循以下几个原则：

（1）尊重每位成员，在沟通时对每个人的年龄、特长、缺点进行分析，特别性格特点要提前掌握好，以便能够更好地跟每位成员进行有效沟通。

（2）强调沟通的目的，提前把沟通目的告知成员，让大家都能够提前有个准备。

（3）对沟通的项目的相关结果，需要发送邮件进行输出，以最大限度地减少事后扯皮、推诿、发牢骚、抱怨等。

5）与相关职能部门进行沟通

一个项目想要顺利地完成，一定是需要多个部门相互配合的。但做过项目的都知道，项目经理和职能部门经理双方经常都是谁也不服谁，那么问题就来了，和职能部门沟通时有哪些需要注意的呢？

首先，可以定期地组织问题研讨会，把项目的进度、问题及时地告知相关职能部门，指出哪些问题是需要职能部门帮助解决的。

其次，多换位思考，对职能部门的工作成果表示认同和赞美，在项目中少点"争夺"，多点"合作"。

最后，日常工作中多交流，增进感情，有事没事可以大家一起吃个饭、喝个茶之类的。

3. 沟通避坑小技巧

一个项目中涉及众多相关干系人，沟通对项目经理来说是个很大的挑战，不仅要跨部门，还可能需要跨公司甚至跨地域。

那么项目经理如何沟通才能更好地避免入坑呢？笔者为大家整理了几个小技巧，供大家参考：

1）首先，大家在做项目前，先识别和梳理相关干系人。对项目中涉及的相关干系人作详细的整理，包括姓名、年龄、部门、职位、职责、上层领导等。然后，再对相关干系人进行梳理，根据相关干系人的权利进行划分。

2）一定要主动沟通，项目经理就是一个项目的"火车头"，影响着整个项目的发展方向。应及时和相关干系人进行沟通，总结和反馈沟通的结果。

3）快速解决冲突，在沟通中很容易发现相关干系人存在的直接的冲突问题。针对冲突一般有三种解决办法：

（1）逐个击破。

（2）组织团队讨论，通过投票方式。

（3）需要高层领导协调的方法。

4）彼此信任。项目中最忌讳的就是欺骗、隐瞒事实、相互推诿等。一旦部门之间缺乏了信任，整个项目是很难顺利进行下去的。

4. 总结

项目经理作为项目的主要负责人，凡事一定要主动沟通、学会倾听、善于观察。沟通是传递信息的过程，是取得项目成功的关键性条件，作为项目经理，掌握沟通的方式与技巧，是不可或缺的技能之一。

6.2 项目经理面对的诱惑有哪些？

项目管理已成为大部分施工单位的主导管理模式，及时预防和解决施工项目中存在的各种廉洁风险，是施工企业反腐倡廉和项目管理的一项重要工作和长期任务，是加强领导干部作风建设、促进项目管理人员廉洁从业的重要举措，也是强化企业内部管理、推进工作规范高效的内在需要。

1. 项目经理廉洁风险点分析

廉洁风险点是指权力运行流程中可能产生腐败行为的具体环节或岗位。这种廉洁风险点是客观存在的，而且一旦主客观条件具备，它就可能会由潜在的风险变为现实的腐败行为。

（1）在工程分包时，项目经理可能利用手中的职权，把工程分包给自己的亲属和有特殊关系的劳务队伍，从中谋取好处。或与合作方相互勾结，形成利益共同体，联手侵蚀企业利益。

（2）在设备和物资材料管理上，项目经理和物资设备管理人员可能利用职权谋取私利，损害企业利益。如在设备物资采购、租赁、验收、处置等环节，收取和索要回扣、贿赂；采购物品质次价高，缺斤少两或超出实际需要，造成浪费；入库不认真验收、出库虚报冒领；高价租赁外部机械或与他人合伙经营机械；违规处置工程废旧设备和剩余物资材料；利用职权为亲属及特定关系人从事营利性经营活动提供便利条件等。

（3）在计量结算上，项目经理和其他项目管理人员可能给合作方超前、超价、超量结算。如采取多计工程量、工时、材料费等方式，从中收取好处，造成企业效益的流失。

（4）在资金管理上，项目部可能脱离监管，私设"小金库"，挥霍、浪费、私分小金库资金；擅自拆借资金、对外担保或坐支现金、截留收入；将经济往来中的折扣费、中介费、佣金、礼金据为己有或私分。

（5）在合同管理上，可能违反规定签订虚假合同或合同主体不明、条款不全、单价不合理，有意无意损害企业利益；或在工作中"吃、拿、卡、要"及索贿受贿等。

（6）在人事管理上，可能存在项目经理违反民主集中制原则，任人唯亲，临时动议，个人说了算，或安排亲属在本人直接管理的关键、重要岗位任职的情况。

（7）在履行职责上，项目经理和管理人员可能在工程管理中不履行或不正确履行职责，玩忽职守、失职渎职，致使项目管理混乱，影响工程质量、安全、进度、效益，或使企业声誉蒙受损失。

2. 项目经理产生腐败行为的原因分析

（1）主观意识上放松。如果项目经理在世界观、信念方面出了偏差，价值观发生了扭曲，职业操守出现了错位，就有可能因私欲、私利等自身思想道德偏误或因亲情请托等情节，造成个人行为失范，管理行为失控，导致"以权谋私"行为的发生。

（2）制度程序上的缺失。腐败行为的发生往往是因为利用了规则的缺失和疏漏。施工项目各项工作如果在管理制度和业务流程设计上存有漏洞，缺乏工作制度的明确覆盖，经营管理过程中个人自由裁量空间过大，缺乏有效制衡和监督制约，就很容易让人钻空子，为腐败的产生提供机会，滥用职权、以权谋私等腐败行为就容易发生。如果各项制度完善、程序缜密，那么腐败的成本和代价就会很高。

（3）监督机制上的失灵。透明、高效的监督机制，起着纠正偏差、保证制度严格执行、保证权力沿着正确的轨道运行的作用。也使腐败者望而却步，腐败行为无所遁形。监督机制一旦出现问题，制度不能被严格执行，监督不到位，权力运作缺少阳光，就可能造成从业人员不履行或不正确履行职责而产生腐败行为。

（4）社会不良风气的渗透。目前，社会上价值观多元，腐败的诱因越来越多。一些人为了达到有利于自身利益的目的，往往对项目经理或重要岗位人员进行围猎，导致当事人行为失范。社会上的攀比心态、侥幸心态、从众心态，也使腐败被淡化、被放纵、被认同、被怂恿。面对诱惑，项目经理心态失衡，错误地放大自己的贡献，把正常履行职责当作索取回报的筹码，被形形色色的所谓"潜规则"所麻痹，利益贪欲裹挟着权力，使得权钱交易有了市场。

3. 项目经理廉洁风险防控对策

任何腐败过程都是由潜伏的隐患开始的，再由渐变到突变，由量变到质变，最终导致腐败事件的发生、扩大发展。防控廉洁风险，必须坚持多措并举、多管齐下，方能最大限度地预防和减少廉洁风险演变为腐败行为。

（1）加强廉政教育，增强廉洁从业的自觉性。面对纷纭复杂的内外部环境，加强对项目经理的职业道德教育，增强廉洁从业意识，提高拒腐防变能力，是永远的课题。加强廉政教育，首先应以正面典型激励为主，努力激发人向善、向廉的一面。其次，应切实加强党纪国法和企业管理制度的宣传教育，使项目经理和所有项目管理人员增强法纪意识，熟知制度内容，把讲规矩、讲制度、讲诚信内化为习惯和自觉行动。再次，应坚持教育的长期性，形成廉政教育长效机制，反复强化，帮助项目管理人员树立正确的世界观、权力观、事业观。最后，应进一步加强廉洁文化建设，大力营造廉荣贪耻的社会氛围，让项目经理知荣辱、明是非，在潜移默化中构建廉洁从业的自律意识，筑牢拒腐防变的思想道德防线。

（2）加强制度建设，建立与项目管理相适应的内控机制。用制度管权、按制度办事、靠制度管人，是从源头上防治腐败的根本途径，也是现代企业管理的内在要求。加强项目管理制度建设，一要努力提高制度建设质量，保证制度的严谨、科学，最大限度地减少制度漏洞。二要强调制度的可操作性，不能太过原则和笼统，减少项目管理人员的自由裁量空间。三要讲程序，建立科学缜密的工作流程、内控机制，用规范的过程保证制度的落实。

（3）加强检查监督，提高管理制度的执行力。制度的生命在执行，再好的制度如果得不到落实，也会形同虚设。大量事实说明，要重视制定反腐倡廉制度，更要在狠抓制度落实上下功夫，维护制度的权威性和严肃性。一是要加强上级对下级的效能监察和专业监督。通过监督检查活动，及时发现问题，纠正偏差，保证上级决策和规章制度的贯彻落实。二是要加强项目部内部监督。明确领导班子议事规则，提高项目管理的科学化、民主化水平，对"三重一大"事项、合同管理、工程计量、结算、资金管理等落实相关职能部门联审会签，不相容岗位分离等措施，互相监督制约。三是要坚持企务公开，接受职工群众监督，畅通信访举报渠道，坚决查处违规违纪的人和事，紧抓权力行使安全这个重点，既要抓大事件，也要注意小细节，将倾向性、苗头性的思想问题解决在萌芽状态。

（4）开展预警防控，适时化解廉洁风险。廉洁风险预警防控是将预防腐败的关口前移，从源头上预防腐败，最大限度地降低廉洁风险的重要措施。要将廉洁风险预警防控作为加强企业管理，提升企业管控能力的重要抓手，使廉洁风险融入经营风险的防控当中。将项目管理中权力比较集中、面临诱惑较多、自由裁量权比较大、群众关注度高、腐败现象易发多发的重点部位和关键环节，作为廉洁风险信息收集的重点，有针对性地制定和实施相应的预警防控措施。

（5）党政齐抓共管，共建风险管理堤坝。党风廉政建设和反腐倡廉工作是一项长期复杂的系统工程，不是哪一个人、哪一个部门的事，也不是哪一时的事。必须坚持党政齐抓共管，常抓不懈，形成合力。项目经理作为项目领导班子的班长，在工程项目管理中起着至关重要的作用，既是廉洁风险防控的关键岗位，重点人员，也是项目党风廉政责任制的主要责任人员。要切实落实党风廉政一岗双责的责任，进一步增强项目领导及班子成员抓党风廉政建设和反腐倡廉工作的责任意识。

6.3　项目经理如何学习？

要想成为优秀的项目经理，那就必须做好项目管理工作。项目经理在工程建设中起着至关重要的作用。

6.3.1　项目经理首先应该具备"八会""七查""五懂""三知""两管""一分析"

1. "八会"

（1）会看施工图纸（含效果图）；

（2）会抄平放线（含坐标、标高）；

（3）会按定额或施工经验大致计算工程量；

（4）会编制施工组织设计（含网络图）；

（5）会填写施工任务书和限额领料卡（单）；

（6）会办理各种签证手续（含工程索赔）；

（7）会进行技术、安全、防火交底（进行班组教育）；

（8）会计算机和外语。

2. "七查"

（1）查图纸；

（2）查材料；

（3）查大中小型机械（含电动机具）；

（4）查内委外委预制加工成品、半成品及部件；

（5）查工种之间的配合与搭接；

（6）查土建、安装、市政、装饰工程之间的工序衔接；

（7）查劳动力。

3. "五懂"

（1）懂建筑工程施工及验收规范；

（2）懂建筑工程各分项工程工艺标准；

（3）懂工程检验评定标准和检验方法、检测手段；

（4）懂安全技术措施及有关安全、防火规定；

（5）懂岗位责任制及其他各项科学管理制度。

4. "三知"

（1）施工技术知识；

（2）经济管理知识；

（3）法律知识。

5. "两管"

1）全面质量管理：共分 P、D、C、A 四个阶段进行质量管理。

（1）P—计划阶段：

一回头看：找出问题所在。

二找特点：进行因果分析。

三靠群众：订出切实措施。

四定标准：找出管理目标。

（2）D—实施阶段（执行）：

五抓自检：进行质量控制。

六建档案：积累控制数据。

七画图表：观察质量波动。

八订管点：把住关键工序。

（3）C—检查阶段：

九搞检查：进行措施对比。

（4）A—处理阶段（循环）：

十作总结：以利持续循环。

2）所有人员的统筹管理（包括现场管理人员的任务分工、班组长的进度管理，以及安全教育）。

6. "一分析"

企业效益分析：经济效益（税后利润情况）、社会效益（信誉）。

6.3.2 项目经理具体工作事项

下面从四大方面来细说项目经理到底需要做哪些具体事项。

1. 进场前准备阶段

（1）熟悉合同，熟悉现场，熟悉图纸，组建项目经理部；

（2）明确开工日期，组织人员编制施工组织设计、专项施工方案、施工进度计划等，并进行审核；

（3）组织进行图纸会审并形成书面记录；

（4）参与工程招标投标工作，定分包单位、材料供应商，对施工队伍选择提出意见和建议；

（5）根据可行性进度计划组织项目碰头会，形成书面记录并签字；

（6）与建设单位对接，落实施工队伍各方面安顿工作，组织施工队伍进行开工前准备工作。

2. 施工阶段具体工作内容

（1）对外关系协调，包括建设、监理单位，政府相关职能部门；

（2）落实现场"三通一平"情况，落实好水电及工人食宿问题；

（3）参与现场临设及施工区平面布置；

（4）对项目进行总协调管理，对质量、进度、成本及安全文明施工进行严格的控制，以树立公司的良好形象；

（5）审核物资部材料计划，根据施工进度及工序组织材料的发货；

（6）在施工队入场前三天确保施工图纸、施工进度计划、工作范围、具体要求、注意事项等到位；

（7）施工队进场后，组织安全部人员负责施工队的安全教育，并做好安全教育资料完工后存档；

（8）负责监控提供材料的使用情况及文明施工情况；

（9）将现场变更工程量及有关增量签证以书面形式与甲方、监理进行沟通、确认，工程量的增减费用必须由公司审定；

（10）每月月底前提交下月工程进度计划，由项目经理审批后报建设及监理单位；

（11）每周提交周工作总结及周工作计划，由项目经理审批后报建设及监理单位；

（12）每日填写项目经理带班记录，同时每周向公司工程部经理汇报项目进展情况及需要公司解决的问题；

（13）业主方没有及时支付工程进度款的，项目经理应及时采取措施，并用文件形式催要，若催要几次仍未果的，应及时汇报公司。

3. 施工过程中的管理工作

（1）跟踪和监督好材料加工（或采购）计划、施工计划等；

（2）掌握施工图纸及其他有关的设计文件；

（3）熟悉与施工图纸有关的国家、省、市的规范、规程及规定；

（4）在施工过程中，经常到施工现场了解施工进度、安全和质量情况，以便发现存在的问题，消除事故隐患；

（5）熟悉施工合同，如果有变更要及时办理好签证手续。

4. 现场签证、项目结算、工程验收

（1）项目经理将现场变更工程量及有关增量签证以书面形式与甲方、监理进行沟通、确认，工程量的增减费用必须由公司审定；

（2）施工队因变更增加的签证要在发生变更的一周内办理，过期不给予办理；

（3）工程完工后，及时将工地剩余材料、设备（列好清单）返回公司入库；

（4）整个工程完成后，应在各项归档资料完成的前提下，与甲方、监理协商进行竣工验收，以便进行工程结算；

（5）工程验收合格后及时办理结算手续及回收工程款。

总之，要想做好项目管理，那么项目经理必须德才兼备、经验丰富、有创新精神。知识在经济运行过程中起着关键作用，拥有更多管理知识的人将会获得更高报酬的工作。不管你是项目经理，还是在成为项目经理的路上，既然建筑行业选择了你，你选择了建筑行业，就要加强学习！

案例 6-1： -

项目经理要想应对一直变化着的环境，跟上时代变迁的步伐，就必须不断地持续学习，不断丰富自己的知识，更好地适应当下的市场环境。一个有着学习心态的项目经理，也会给项目的管理人员做一个好榜样，再带着项目同事一起学习，打造一个学习型的项目团队，这样一定可以无往不胜。

6.4　项目经理如何快速升任？

随着国内企业精细化发展的步伐不断加快，企业内部在项目立项、项目运营、项目分析等板块的管理要求越来越高，对项目经理的岗位需求也越来越高。一个合格的项目经理需要对项目的初期、中期、后期进行全局的把控。初为项目经理，项目小白如何才能更快地适应项目管理岗位的职责要求呢？

看看以下几点建议，兴许对你有所帮助。

1. 理解好项目管理的需求，梳理好相关责任方

初为项目经理的你，对于项目的相关方很多都不熟悉。这个时候你必须梳理好在该项目中会涉及哪些部门、责任方，一定要多问、勤问、会问，不要怕沟通多了别人对你有偏见。从项目的真实需求出发，以项目最终的结果为导向，高效完成项目目标。

2. 术业有专攻，隔行如隔山——专业的事交给专业的人去做

一个人的精力和能力是有限的，作为项目经理，最重要的是要学会统筹和领导力，不必事事亲为。将团队中每个同事的擅长点挖掘出来，根据项目情况，定岗做事，这样才能高效完成。

3. 定好时间节点，定期把控项目进度

作为项目经理，统筹能力居于首位。制订项目计划时，要把每一个时间节点该做什么事情，做到什么效果，制定清楚。要用制度来约束团队成员的工作效率，而不是通过项目经理的岗位权力去约束大家。

4. 心理要强大

在项目具体实施中，作为项目经理，你会跟形形色色的人一起沟通、交流、工作。每一个人都有自己的办事特点和性格特色，意见不合是常事。这个时候需要初为项目经理的你内心足够强大，才能更好地推进项目进度。

项目经理作为企业在项目方面的管理者，需要懂技术、懂产品、懂统筹，更要懂人情世故。项目经理工作一般是几个月到几年，具体取决于项目和任务的复杂程度。这意味着项目管理工作内容一直在变化，项目经理这一职业充满多样性、挑战性，是非常有前景的一个职业。